「尚光」系列故事

光巡星海

U0181006

「尚光」系列故事

光巡星海

中国科学院上海光学精密机械研究所

编著

上海科学技术出版社

图书在版编目（ＣＩＰ）数据

光巡星海 / 中国科学院上海光学精密机械研究所编著
. -- 上海 ：上海科学技术出版社，2023.1
（"尚光"系列故事）
ISBN 978-7-5478-5960-5

Ⅰ．①光… Ⅱ．①中… Ⅲ．①激光技术－青少年读物
Ⅳ．①TN24-49

中国版本图书馆CIP数据核字(2022)第210467号

策划编辑　张毅颖
责任编辑　刘小莉　张毅颖
装帧设计　戚永昌

光巡星海
中国科学院上海光学精密机械研究所　编著

上海世纪出版(集团)有限公司
上海科学技术出版社　出版、发行
（上海市闵行区号景路159弄A座9F-10F）
邮政编码201101　www.sstp.cn
苏州工业园区美柯乐制版印务有限责任公司印刷
开本　787×1092　1/16　印张 22.75
字数　250千字
2023年1月第1版　2023年1月第1次印刷
ISBN 978-7-5478-5960-5 / N·254
定价：128.00元

本书编委会

主　编

陈卫标

编委会成员

侯　霞　薛慧彬　沈　力

吴燕华　朱小磊　贺　岩

周佳琦　王明建　李佳蔚

王春馨

序

没有光，就没有生命；

没有激光，就没有现代的科技与生活。

1964年5月，根据党中央毛泽东主席的决策部署，中国科学院上海光学精密机械研究所（简称"上海光机所"）正式成立。作为国内起步最早、持续时间最长的激光专业研究单位，上海光机所肩负"科技报国，造福人类"的伟大使命，面向国家需求与科技前沿，几十年来持续开展强激光科学与技术方面的研究。可以说，所取得的一系列重大科技成果，代表了我国激光科学技术在物理基础领域的研究水平和先进激光工程的研制能力。

"科学成就离不开精神支撑"，习近平总书记在科学家座谈会上重点强调了爱国精神和创新精神，并要求全社会大力弘扬科学家精神。栉风沐雨，砥砺奋斗，支撑一代又一代上光人不畏艰难、执着开拓，并取得累累硕果的，不仅仅是他们代表"国家队"科研水平的硬实力，更是肩扛"国家责"的科学家精神。

近年来，我们有意识地通过各种活动讨论凝练"上光精神"的内涵："专注激光，深耕现代光学的使命担当；顶天立地，忠于国家人民的家国情怀；创新进取，治理学科协同的科学精神。"我们希望把这种精神固化、发扬、传承，成为一代又一代上光人的精神烙印。

《"尚光"系列故事》以上海光机所科学家尤其是青年科学家自述的方式，讲述他们在为我国激光科技创新事业奋斗的过程中，获得科技成果背后不为人知的真实故事。这些故事，一方面，对近年来代表性科技成果进行通俗细致的科普解读，体现了科研院所将高端科研资源科普化的努力；另一方面，通过娓娓道来的讲述，展示科学研究过程的艰辛和科技工作者的心路历程，映射出中国科技工作者群体的优秀品质，弘扬中国科学家"胸怀祖国、服务人民，勇攀高峰、敢为人先，追求真理、严谨治学"的精神。

　　衷心希望通过青年科学家们的日常故事，将"上光精神"传递给全社会，能带动更多的人尤其是青少年朋友，了解、理解、向往、热爱推动人类文明进步的科技创新工作，激励他们生命不息、奋斗不止。

邵建达

2022年6月

前言

　　激光科技是当代社会与经济发展的重要驱动力，也是世界各国战略科技支柱之一。自诞生以来，激光不仅在军事工业、国防安全等战略高技术领域发挥着不可替代的作用，在高端制造、信息通信、生物和医疗健康等产业发展过程中也有着至关重要的地位，并产生了决定性影响。

　　2021年是中国第一台激光器诞生60周年。上海光机所是我国建立最早、规模最大的激光科学技术专业研究所。自1964年建所以来，一直以国家战略需求为导向，站在国际激光科技前沿，为推动我国乃至世界激光科学技术的发展作出了重要贡献。

　　发展激光科技是上海光机所的初心，在发展能量光子学的同时，发展信息光子学也是一项重要使命，路甬祥院长曾多次就信息光子学的前瞻发展向所里提出要求。上海光机所自2000年开辟了空间激光科学的全新方向以来，在国家重大战略科技任务中勇闯难关、不断历练、快速成长，为我国该领域科技创新发展作出了突出贡献。

　　本书中讲述故事的科研人员都来自上海光机所空间和海洋应用方向的激光科研团队。他们心中怀揣的，是行走于科技最前沿、奔赴星辰大海之约的浪漫情怀；他们脑中秉承的，是把最先进的激光技术实实在在应用于空间和海洋的执着意念。实际生活中，他们是父母的孩子，也是孩子的父母，是全体上光人的一个缩影，也是全体科研工作者的一个缩影。全书中，每个故事都是他们亲身经历的，没有经过文学加工和修饰。我们希望通过原汁原味的叙述，描绘出最朴实的奋斗画像，传递最真实的事业情感，洞见最闪亮的精神光芒。

讲述自己的日常故事，并不是科学家们的专长。在本书的编写过程中，《中国科学报》高级记者黄辛老师给予了极大的帮助，没有他为此倾注心血，本书难以面世，在此特别感谢。本书的出版还得到了中国科学院直属机关党委、中国科学院上海分院分党组的支持，在此表示衷心感谢。

限于编者的知识水平，书中难免有不妥之处，敬请广大读者不吝赐教。

目录

「旱鸭子」赶海

—— 朱小磊

作者简介

朱小磊

　　1966年出生，1987年毕业于浙江大学光仪系。长期从事固体激光技术与应用系统的研究工作。现任空间激光信息技术研究中心研究员、主任、党总支书记。荣获上海市技术发明奖一等奖（排名3），2020年获上海市科学技术普及奖一等奖（排名10）。

个人感悟

　　青春永远是用来奋斗的。

2020年5月19日，一年一度的上海市科技奖励大会正式发布了上海市2019年度科技成果奖励名单，上海光机所以"4+1"项科研成果荣登获奖榜单，这份优异成绩引起兄弟院所和大众媒体的关注。

我作为其中两项技术发明一等奖之一的"机载蓝绿激光海洋探测和传输系统关键技术及应用"团队的成员之一，开心之余，更多的是回味其研发过程，酸甜苦辣咸，五味杂陈。深刻感到，仅以科技界奉行的科研工作要"板凳宁坐十年冷"的信条，还不足以表达取得该成果的艰辛，唯"二十年磨一剑"才是真实写照。

持续二十年的研究历程，是刻骨铭心的。

初战·编外客串

1987年7月大学毕业，我有幸成为上海光机所的一名科研人员，师从杨香春副研究员，从事激光技术的研究工作。参与蓝绿激光海洋探测科研团队工作完全出于偶然，而第一次出海做外场试验更是纯粹源于友情客串。没想到，这一偶然的客串行为，成为我接下来二十多年科研生涯踏波逐浪之旅的起点。

那是1998年5月的一天，实验室主任陆雨田研究员把我叫到他办公室，说蓝绿激光探测科研团队要去海上做外场试验，初步选中了浙江省舟山市嵊泗县绿华岛海域，让我设法通过同学关系，联系上泊于绿华岛海面的宝钢矿砂船接驳浮码头负责人，落实在码头做实验的事宜。当时我正在等公派去香港中文大学读博士的批件，有个时间窗口，就一口答应了。通过多渠道的人脉关系，兜兜转转，总算不辱使命，最后，浮码头运行管理负责人同意让我们免费上码头做科学实验，并提供必要的后勤保障。当我把这个消息告诉陆主任时，心里竟有点小得意。

作为联系人兼"岛主"，随实验队出征无可避免。陆主任亲自带队，外场试验队的人和设备挤进一辆白色依维柯车，由上海浦东南汇芦潮港搭车客滚装轮渡。经两个多小时的摆渡，顺利到达嵊泗本岛菜园镇。嵊泗岛风景优美，气候宜人，渔产丰富，素有"南方北戴河"之美誉。我们选中的试验区域——绿华岛洋面，更是常年海水清澈，大部分时间风轻浪缓，是开展激光海洋探测科学实验的好地方。

从嵊泗本岛到漂浮于洋面上的矿砂接驳浮码头，还需要租用小船摆渡转运。

我们无暇欣赏海岛美景。第二天一早，依维柯车按约定把实验设备和人拉到小菜园码头，全套实验设备再由人力一件一件搬运到摆渡小船上。为了节约费用，同时也为了保证精密科学仪器的安全，我们没雇佣当地渔工帮忙。码头很简陋，涨潮能淹没的台阶上长满了青苔，相当湿滑，搬运设备上船必须经过这段湿滑的台阶。这对当地的渔民来说，走这样的台阶压根不算事，但对一群以前没上过海岛的"旱鸭子"而言，则成了大难题。码头边的涌浪此起彼伏，摆渡小船摇晃不定，队员们空手能站稳已属不易，更何况要搬运设备。墨菲定律总会在不经意间发生，搬运过程中，陆主任一个没注意，脚底一滑，俯身摔倒在台阶上。好在是空手，危急中他本能地单手撑地，逃过一劫。尽管人没摔伤，但支撑的手掌被台阶上的贝类划出好几道口子，鲜血淋淋。不幸中的万幸，还好人滑倒后没跌入船与码头的缝隙，没有跌入海中。

全部设备装上船，本以为难关已经过去，没曾想更大的考验还在后面。经过一个多小时的海上颠簸，接驳人和设备的小渔船总算到了浮码头边，抵靠的瞬间，顿时感觉到所乘的接驳船如此渺小。由于该浮码头是用于转运分装万吨远洋货轮货物的，码头工作面（主甲板）距海面看上去有十几米高，犹如一堵高墙立在我们面前。实验设备被放进网兜里，用浮码头的吊机吊上甲板面，但是，人是不能用吊机吊上码头的。自古华山一条路，攀爬摇晃不定的软绳云梯，攀爬过程充满不可预期的危险。又是人生第一次！第一个登爬云梯的是卢其明，凭着当过边防武警的功底，三下五除二就爬上了甲板，引得围观的码头工作人员直竖大拇指，直夸上海来的文弱书生不简单。卢其明的轻松登顶给了我们很大的信心。但大家最担心的是队里唯一的女同志崔雪梅是否能成功登上云梯。陆主任也感觉到了爬云梯的危险性，摇摇晃晃挪步到崔雪梅跟前。

"雪梅，太高了，你随船回岛上等我们吧。"

"对啊，太危险了，回去吧。"我附和着。

"还有褚老师，六十多岁了，也别爬了。"我又加了一句。

我想有两个人结伴回去，就不会显得太尴尬。

"我上！"崔雪梅没有丝毫犹豫地说道，然后就径直走向云梯，一副女汉子的气概。

"雪梅能行，我也肯定行。"褚春霖老师一副不服老的样子，也坚持攀登云梯，和大家战斗在一起。

是啊，大家心里都明白，外场试验中，团队成员一人一岗，甚至一人多岗，往往具有不可替代性，任何一个队员的缺席，都会对试验带来不确定性。每个人都不愿意因为个人原因而影响团队整体，这时表现出来的都是"搏一记"的拼命三郎精神。

为了减少云梯的晃动幅度，特意让两位男同志在摇晃的小船上一人一边揪住云梯下摆，尽最大的努力控制住云梯，降低攀爬难度。整个攀爬过程，我站在小船上一个劲地大声叫喊："手抓紧，别往下看，一步一步爬！"好在整个攀爬过程有惊无险，人和设备都安全登上浮码头甲板。

接下来三天的外场试验顺利进行，达到了预期的目标，验证了技术方案的可行性，获得的数据为后续二期项目的争取奠定了基础。

再战·学成归队

试验归来，公派留学批件也如期而至。7月中旬，我就启程去香港中文大学攻读博士学位，其间一直和陆主任保持着联系。学成毕业，再回来参加科研工作，时间已是2001年7月了。

这三年里，蓝绿激光海洋探测科研团队得到了迅猛发展，增添了很多年轻的生力军，并成功引进了能力超群的中国科学院"百人计划"人才陈卫标研究员。

随着新一代探测设备性能指标提升，嵊泗县绿华岛海域的水文条件已经不能满足试验要求。随即，蓝绿激光海洋探测科研团队的外场试验转场到了南海海域。

海南岛是旅游胜地，南国风光，风景旖旎，是很多人的梦想之地。这样的外场试验差事，几乎与"度假"画等号。去海南做外场试验，引起了好多人的羡慕。但每次试验结束回去后，同事们看到试验队每个人黑黑的脸色、晒脱皮的红鼻子，察觉到我们的试验工作非常艰苦，不是一般人能承受的。不说别的，单单是出海晕船一事，就让大家吃尽了苦头。

2010年春节假期过后，在中国科学院声学研究所的大力协助下，蓝绿激光海洋探测科研团队十余人，在陈卫标主任的带领下，再次来到南海海域做外场试验。

这次试验中，布放海底设备是影响试验成败的关键。由于条件限制，我们在当地租用了载重只有约50吨的渔船作为设备布放"旗舰"船。工作第一步，全队人马将千辛万苦从上海专车押运过来的全套实验设备转运到海南陵水猴岛边上的新村渔船码头，租用吊车将设备吊上渔船，并在船甲板上完成初步的组装和调试。团队中好多年轻同志出生于内陆，来海南岛前没出过海，有的甚至没有见过海，是彻彻底底的"旱鸭子"。新村渔船码头的风平浪静让大家产生了错觉，认为这里的大海与内陆湖泊没什么两样，没有传说中的风急浪高。凭借在靠岸渔船甲板上行走如履平地的自信，带着对人生首次乘渔船出海的好奇与渴望，年轻的"旱鸭子"们情绪高涨，战斗力膨胀，纷纷向陈主任表示要承担重任，随船出海布放设备，保证不会晕船。反而是我这个从小在海边长大，真正不晕船的海岛渔民后代，被分派执行陆地任务，带着几位岁数偏大的男同志和一众女将去驻守陵水藜安村鲍鱼养殖基地附近沙滩上的临时试验站点，从事繁重的牵拉、盘卷供电电缆的体力活。

第一次出海布放水下设备的结果，既是情理之中，又在意料之外。在海湾渔船码头区域，海面风平浪静，渔船稳如平地。没承想渔船一出湾口，来到外海，洋面涌浪导致渔船出现剧烈的摇晃颠簸，瞬间击碎了"旱鸭子"们的好奇心。站立不稳之际，纷纷找地方躺下，根本顾不上渔船甲板是干是湿，是脏还是干净。大海的威力并不会因为你躺下了就平息，不一会儿工夫，痛苦的呕吐声此起彼伏，有扶着船艕往海里吐的，也有直接吐在甲板上的，一片狼藉。

经过两个多小时的航行，渔船终于来到设备布放目的地海域。但是，当天海面猛烈的东北风，使得坐西朝东沙滩的外海洋面也是浪高风疾，仅有约50吨载重能力的渔船随涌浪大幅度摇摆，船上船工要站稳也颇为费劲。此刻，随渔船出海实施布放任务的八名队员，只有"一个半"能勉强工作，其余的都躺着动弹不得，脸色煞白，自顾不暇。所谓半个，就是有一位队员，靠背坐着能勉强工作，一旦站起来就会自动躺倒。看到这个状况，陈卫标主任只能决定放弃本航次的设备布放任务，下令渔船返回新村码头，等待海上天气好转，调整人员部署，第二天再战。

天遂人愿。第二天，海面风浪明显平息了许多，我们四个肯定不会晕船的队员被征召上渔船，其中一位是紧急征调的，来自家海洋局第一海洋研究所（简称"海洋一所"）的水下设备布放高手。此外，我们要求随船的三个健壮船员包括船老大协助设备的布放工作，这样一来，局势瞬间逆转。渔船航行到布放海域后，船老大锚定船，我们便开始测水质、水深等水环境参数。不一会儿，岸上试验站点租用的一条机动小舢板冒着浓浓的黑烟，从沙滩附近的小型简易码头，载着两位会游泳的年轻队员来到我们渔船旁待命。由于我们在码头边已经反复演练设备布放的流程，因此整个布放过程似教科书般地推进，船上全体队员，各司其职，忙而不乱，非常成功。

实验设备被平稳地布放到30米深的海底，技术人员快速通电测试、定位、定向后，兴奋地宣布布放的设备状态正常，座底姿态理想，布放一次成功。

设备座底成功仅仅是完成了布放工作的一半，紧接着扑面而来的是更大的挑战。为给座底设备供电，必须从布放船把与设备连接的水密电缆另一端拉上岸，并连接到设于沙滩临时帐篷内的供电桩上。"派人游泳摆渡"是经充分讨论提出的大胆而又冒险的最优方法。确认座底设备状态正常后，我们呼叫在一旁待命的小舢板靠过来，把牵引绳子的一头交到小舢板上的队员手上。他们抓到绳子后，其中水性相对好的壮小伙贺岩迅速把绳子系到腰上，另一名队员则帮他拽着绳子，防止舢板摇晃发生牵扯。这根绳子的另一端，已被连接到平铺在渔船甲板上且与座底设备连接的水密电缆上。为了减小绳子在海水中的阻力，降低游泳摆渡的难度，第一段绳子，我们精心选用了轻细而又抗拉的专用尼龙绳。这根细绳更是被赋予了生命守护的功能，一旦在游泳摆渡过程中，队员出现体力不支等意外情况，我们可以通过它及时把他拽回到布放船上，确保人身安全。由于沙滩地势比较陡，靠近岸边浪头很大，翻滚着冲向沙滩，小舢板如果过于靠近岸边会面临被浪头打翻的危险。船老大阿贵是当地人，他竭尽所能，让小舢板尽可能靠近岸边。在目测还有二十几米远的位置，腰上系绳的贺岩纵身一跃，跳入海中，奋力游向沙滩。站在渔船上的我，双手匀速地释放绳子，一双眼睛牢牢盯着远处海浪里忽沉忽浮的他，心里真捏了把汗。最后，一个大浪把他直接拍上了沙滩，动作有点狼狈。

顺利登陆！沙滩上的同事们把他揪上岸，船上响起了一阵欢呼声。沙滩上，众人随即开始了收绳作业，我们在船上配合着顺序放绳：细绳、粗绳、电缆。刚开始，绳索上岸速度很快，当电缆下海后，岸上拉缆的速度明显减慢。随着入水电缆长度不断增加，拉缆速度越来越慢。远望沙滩上的队员们，不分男女，排成一条弧线，肩扛手拽，费力地往远离海边的方向挪动，酷似蚂蚁列队搬家，活生生地展示出一幅科研人员的"拉纤"画。见此情景，鲍鱼养殖基地的工作人员也主动加入拉缆的行列中。目睹布放—传绳—拉缆全过程的一位在养殖基地值守的"老海洋"给出了这样的评述："无知者无畏啊！这么高难度的活，愣是被这帮不要命的愣头青简单高效地解决了。

"纤夫们"的爱 摄于海南三亚陵水藜安村试验现场，驻守沙滩试验点的人员在费力拉拽电缆上岸，电缆用于给水下设备供电。

后生可畏啊！""无知者无畏"，这句话多少有点刺耳，在很多场合中是贬义词，但在这里，"老海洋"用来表达的真实意思，应该是充分的肯定和赞扬。就是这么一群"旱鸭子"，迎难而上，硬是快速成长为一群无惧风浪的"水鸭子"。

开局的多重磨难往往为后续工作的顺利开展做好充足准备。这次外场试验，我们成功地从空中获得了真实海况下30米深的光信号，圆满达成预期的试验目标。

决战·偶遇幸运之鱼

试水30米深度是开胃菜，决战100米水深是阶段目标。随着科研工作的推进，近岸布点已不能满足我们的试验要求，挺进远海深海成了必然的选择。

在协作单位的努力下，2014年5月，我们再一次来到三亚救捞船码头，设备转运至近千吨载重能力的保障船上，船上有大型吊车，这给设备搬运和后期的海上布放与回收带来了极大的便利，劳动强度大大降低。更难以忘记的是船舷号——510。我要赢！太应景了。

由于这次试验设定的布放海域远离海岸线，负责出海布放设备的试验队员要随船在海上过夜，吃住在船上，属第一次，大家的好奇心再一次被激发，尤其是新参与试验的几位研究生，而我自然是海上试验队领队的不二人选。为提高时间利用率，确保第二天一早试验按时进行，510船船长决定当天晚上9点启航离开码头。船上第一顿晚饭非常拉风，大厨们用不锈钢盆装着饭菜，齐刷刷地摆放在甲板平台上，队员们拿着自己的饭盆，各取所需，或蹲，或站，或席甲板而坐，享受着美味。船上的饭菜，味道相当不错，这勾起了我对当年在嵊泗岛随渔船出海第一次吃船上饭的回忆：鱼管够，饭管饱。

这艘保障船机舱的马达声不是一般的响，在八人一间的船员标房内，纵然是紧闭舱门，也能听到轰轰的马达声，感受到床铺在振动。这样的环境，要是平常在岸上宾馆里，那肯定是睡不着的。没承想，入夜后，队员们枕着波涛，无一例外，都美美地睡了一个好觉。

东方露白，船来到了布放海域。停航、抛锚、设备起吊、布放、检测、校验，设备布放工作一环紧扣一环，繁忙而有序。

"水下设备座底姿态理想，技术状态正常！"

"海水深度达标！"

露天自助餐
摄于试验工作船。设备全部吊装上船后，晚饭时间，在船甲板的平台上，周国强同志正在从船上大厨制作的大盆菜里盛饭菜。

"水质参数符合试验要求！"

……

参试人员各司其职，训练有素，操作熟练，在规定的时间内完成了设备布放任务，无一差错。早上7点半，按预定时间节点，设备开机，全体参试人员和设备准时进入试验待命状态，静等飞机的到来。这时大家才发现，匆忙中，竟然错过了欣赏瑰丽的海上日出。

第一轮，持续2小时的试验顺利完成，效果理想，大家紧张的情绪得到很大缓解。冥冥之中的"我要赢"应验了。第二轮试验要等到下午4点以后。船舱内马达声实在过于吵闹，白天没法入睡，手机又没有信号，午饭后，大家索性都来到甲板上休息，尽情欣赏大海的美景，眺望天际边的云卷云舒。

突然，一声惊叫从前甲板传来："鱼，好大的鱼！"好家伙，甲板上原本迷糊打盹的众人顿时如打鸡血似的来了精神，都三步并作两步跑到船舷边，边喊着"在哪？在哪？"，边探出大半个身子往水面张望。只见船右舷前部十几米远海域，悠然地游过来一条大鱼，离它不远处，还有一条更大的鱼在游弋。"是鲸鱼！"不知谁又嚷了一嗓子。面对如此难得一遇的景象，大家纷纷拿出手机拍照录视频，惊喜不已。原来这是一对鲸鱼母子，小鲸鱼贪玩，好奇地靠近我们船舷，想对这个庞然大物探个究竟。小鲸鱼忽隐忽现地游动着，缓缓游向船尾方向，鲸鱼妈妈则在附近守护着，若即若离。大伙目送鲸鱼母子消失在远处的海面，不禁感慨，世间万物皆有灵性，母爱是宇宙间永恒的一种爱。出生在东海之滨的我，随渔船、轮船出海很多次，这么近距离地看到鲸鱼，也是人生第一次，不虚此行。

好奇的鲸鱼
摄于海上试验现场。一条鲸鱼从试
验船旁边游过。

　　茫茫大海邂逅大鱼，是否预示着我们此行必定鸿运当头，遇事呈祥？这种幸运，果真被接下来的突发事件所验证。

　　第二天早上6点半，当我们遵照计划准时开启水下设备，迎接新一轮的空海试验时，意外出现了。视频监视器上传的图像显示，经近24小时的海底底流冲刷沉淀，坐床海底的设备光学窗口上竟然覆盖了一层薄薄的泥沙，激光穿透能力大受影响。这一幕让全体队员心头猛地一紧，"难道试验就这么结束了？"

　　飞机马上就要飞临上空了，开弓没有回头箭，空海联动试验必须按计划进行。

　　"满功率开激光，注意观察设备窗口情况，随时报告。"

　　随着指令的下达，大家的眼睛不约而同地紧紧盯着监视屏，每个人的心里都残存着一丝希望：从泥沙缝隙穿透的激光束功率，仍具备完成试验的能力。大家更是期待在涨潮阶段，海底洋流的偶然一次搅动，能冲刷掉这层讨厌的泥沙。

也许是大家心里的祷告发挥了作用，幸运再次降临。只见监视屏上神奇地出现了一条5厘米左右长的小鱼。它探头探脑，好奇地游到座底设备的窗口上方，在明亮的绿色光斑中来回穿行。随着鱼鳍和鱼尾的摆动，宛如自动给透光窗口装了"鱼力"牌刮沙清扫器，附着在窗口玻璃上的泥沙层瞬时被搅动漂浮起来，并随着海底洋流离开了窗口。看到此情此景，大家都狂喜不已，情不自禁地对着屏幕大声指挥，"再往左边游一点，右边还有一片泥沙没清理掉。"那条小鱼似乎能听到听懂我们的话，服从指挥，完成任务，前后也就一分多钟。当小鱼对绿色光束失去好奇心，悠闲地游走的时候，设备的窗口竟然又透亮如初，完整的激光光斑穿透窗口，在水中形成绚丽的绿色光柱。幸运女神的再次眷顾，使得后续的试验异常顺利，决战百米的目标终

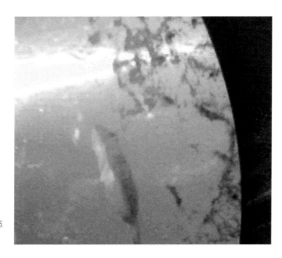

幸运小鱼
截图于海底设备光学窗口状态监控视频。

炫丽的凤凰岛　试验结束，海上试验队凯旋，船夜航回港途中见到对面凤凰岛的灯
光秀。

于实现，真想给那条可爱的小鱼记上一功。

　　海上漂泊三天三夜后，我们返航了，照样是夜航。夜色中返回
三亚港码头，船舷左侧凤凰岛上五幢标志性的超现代派圆顶建筑，正
用五彩灯光变换出各种绚丽图案，欢迎我们凯旋。美轮美奂，三亚
夜景。

收官·放飞博鳌

　　收官之战，试验团队移师海南博鳌机场。博鳌，地处海南岛东
部海岸线的中间区域，景色优美，民风淳朴，每年的博鳌亚洲论坛会
议，就是在这里召开的。

　　2017年5月，蓝绿激光海洋探测科研团队携全套设备第N次登陆
海南岛，第二次进驻海南博鳌机场，租用通航公司的运-12固定翼飞

机，冲击科研任务的终极目标。相比于往常的乘船出海，陆地上的设备装机调测工作相对轻松、单调，不似海上布放那般紧张、刺激。此时，站在空旷的停机坪水泥地上，如何防晒成了我们的必修科目。海南岛的太阳真是不一般的"毒辣"，烈日下，手臂、鼻尖等暴露部位晒脱皮，那是分分钟钟的事情。挤占飞机肚皮下的阴影区，俨然成了队员们的本能动作。设备安装调试过程中，队员们还需要直面承受阳光下飞机机舱内近50℃的高温"干蒸"煎熬，用"汗如雨下"来形容，一点都不为过，好在后勤保障到位，瓶装矿泉水管够。最令大家欣慰的是，与往常一样，一半以上架次的飞行试验被安排在每天的晨昏时段，试验队员出入机场停机坪能保持着"早出、晚归、午打盹"的工作节律，这与以往出海试验的经历相比，可是非同一般的福利啊。

来个合影 摄于海南博鳌机场停机坪，最后一个飞行架次结束，飞机落地，我与上飞机操作设备的队员、试验飞机合影留念。左起：胡谷雨，我，贺岩，施君杰。

随着最后一个飞行架次试验的结束，队员们将完美的句号画在了与试验飞机的合影上。一张张黑黝黝的脸，是博鳌奖赏给我们的最高荣誉。

感恩感悟

就是这么一群人，男的、女的、老的、少的，前后在三任实验室主任的带领下，为了国家的需要，甘愿花二十年的青春岁月，瞄准一个目标，克服重重困难，不计得失，一步一个脚印地攀登技术高峰，这需要非凡的勇气和毅力。我们的技术进步了，水平提高了，队伍成长了，目标实现了，精神涅槃了。从项目"启动"到"成就"，硬是将一群海洋激光领域的"旱鸭子"磨炼成弄潮学界的"水鸭子"；硬是使生活中上船就晕的"旱鸭子"蜕变成能搏击风浪的"水鸭子"。感谢共同奋斗、坚持一路走来的团队伙伴，更要感恩团队伙伴的家属。

科研工作，并不总是在办公室与实验室之间的简单重复，她是充满着精彩和传奇的。又有谁能够想到，从事高精尖科学研究的教授、博士、硕士们，不但要有博学的大脑思考高深的科学问题，而且还需要拥有强壮的体魄从事繁重的体力劳动，踏浪深蓝，等闲视之。职业生涯中任何的科研成果取得，都需要常年的寂寞堆积和热血追求，没有随随便便的成功，正所谓"宝剑锋从磨砺出，梅花香自苦寒来"，人生不经历风雨磨砺，是难以见到绚丽彩虹的。

青春永远是用来奋斗的。

星地信息传输的「快车」

—— 丛海胜 等

作者简介

　　丛海胜，1994年出生，空间激光信息技术研究中心博士研究生，主要从事线性调频连续波相干激光雷达方向研究；贺红雨，1993年出生，空间激光信息技术研究中心博士后，主要从事远距离目标探测相干激光雷达、正弦相位调制相干激光雷达方向研究；**韩荣磊**，1995年出生，空间激光信息技术研究中心博士研究生，从事空间相控阵相干激光通信方向研究；**李超洋**，1990年出生，空间激光信息技术研究中心博士研究生，从事载波同步、时钟恢复及通信测距技术研究；**许倩**，1987年出生，空间激光信息技术研究中心副研究员，从事激光时频传递方向研究。

集体感悟

　　科研的成功之路总是蜿蜒曲折的，一路上充满着诸多挑战与困难，不可能一蹴而就、一帆风顺。

听说过城际高速、海底隧道、跨海大桥，你知道在地面与太空之间，也有一条"高速公路"吗？

星地空间高速相干激光通信，就像是从太空到地面建立了一条"信息高速公路"，让搭载激光"快车"的信息，能够在星地之间迅速来回。

故事要从2016年8月16日1点40分讲起，我国成功发射了墨子号量子科学实验卫星。除了进行量子通信科学实验外，墨子号卫星还搭载了上海光机所研制的空间高速相干激光通信载荷。这是我国首次开展空间高速相干激光通信试验，并且成功实现了"一秒传输一张光盘数据"的空间信息传输，我国在高速相干激光通信技术领域取得了重大突破。

再往前追溯，2002年，上海光机所刘立人研究员就在课题组提出空间高速相干激光通信的研究愿景。从激光通信原理基本研究到核心关键技术突破，从实验室系统贯通到外场通信传输实验成功，课题组最终实现了墨子号与移动地面通信终端站之间的顺利通信。毫不夸张地说，这正是孙建锋研究员带领我们整个课题组十余年来不断奋斗的结果。

星地空间高速相干激光通信实验能够取得重大成功，离不开所有科研人员的无私奉献，离不开这些不分昼夜的科研"赶路人"的辛勤工作。巨大成功与荣誉的背后，是一个团结进取、富有活力、讲奉献、能战斗的集体，更是一个不畏艰难险阻、敢于迎难而上、勇于拼搏的"上光尖刀连"。而作为这个优秀科研团体中的一员，我们每一位学生都感到光荣，也很荣幸能够成为这个科研项目的参与者与见证者。它为我们的求学生涯赋予了新的内涵，是我们一段难以忘怀的人生经历。

能哥的押车"西游记"

能哥，是一个不能吃辣的"假"湖南人，也是我们学生当中知识面较为渊博的"全能课代表"。作为一名"资深师兄"，能哥参与这个项目的时间比我们其他人要长得多。在一次和能哥的长聊中，我问他："在你的记忆中，新疆天文台南山观测站项目让你印象最深的是什么？"能哥停顿思考了一下，说："是刚开始，跟随运输车从上海到新疆乌鲁木齐南山，押送地面站光学舱和控制舱的时候。"紧接着，他就和我聊起了当时发生的一些趣事。

出发那天下午，天气略显阴沉，空中飘浮的云好像漫天弥散的狼烟，此时一个严峻的押车任务正等着能哥去挑战。这应该是他考研时候，从没有想到过的"科研任务"。

出发时间到了，能哥乘上那辆装载星地通信地面站的运输车，陪同两位司机师傅踏上了由东向西，从上海通向新疆乌鲁木齐南山的"西游"征途。

其实在出发前两天的晚上，他才得知自己要承担这次押车的重任。当时，心里更多的是担忧——担心自己内向、不爱说话的性格不能胜任这份"保驾护航"的工作；担心不能妥善处理"西游"途中的突发问题，给课题组增添麻烦……然而，他又对自己能亲身护送星地通信地面站感到神圣和光荣。

路面崎岖不平，车子摇晃得厉害，甚至连手机都拿不住。时间似

起重机吊起光学舱装车

（2018年9月11日上海，贺红雨摄）

乎也跟着颠簸，然后粘连、凝滞，每一分钟都过得异常缓慢。一想到还得这样连续四天三夜，能哥心里不由产生了一些无聊情绪。

后来，他尝试克服这种负面情绪，突破内向性格设立的种种"防线"，主动坐到副驾驶位，"你画我猜"似地和师傅扯上几句。听他们讲开车路上经历的各种惊险小故事，一起聊网络游戏比赛，为中国队夺得冠军而喝彩……就这样，路边的植被慢慢减少，从高大的乔木到矮小的灌木，再到草地，最后变成一望无际的荒漠戈壁，他们依次穿过江苏、河南、陕西，紧接着来到宁夏和甘肃，一路上领略到了群山的雄伟，感受到了火焰山的"热情"，目睹了吐鲁番葡萄房的"香甜"，吮吸了草原上被"天山"滋养的"草香"……除此之外，能哥尝到了各地最具特色的食物，比如河南的羊肉汤、陕西的臊子面、甘

起重机吊起控制舱
（2018年9月16日新疆天文台
南山观测站，贺红雨摄）

肃的炒羊肉、新疆的烤羊肉串，真正体会到什么叫作物美价廉的人间
美味。

当然，这一路也有不少艰辛，最大的问题莫过于睡眠和体质过
敏。能哥说，在摇晃的货车里睡觉还是很困难的，前两天他几乎都没
怎么睡着，到了后面实在扛不住了才睡一会儿。后来到了甘肃、新
疆，气候特别干燥，因为水土不服，身体还出现了一点小问题。

终于，第四天中午，在新疆天文台南山观测站，能哥见到了提
前到达的老师和其他同学。早已就位的吊车缓慢地把控制舱吊到地
面上，当看到控制舱完好无损，他终于松了一口气，一阵说不出来
的自豪感涌上心头，觉得自己这一路的辛苦都没有白费，一切都是
值得的。

再先进的机器，也离不开一枚枚平凡的螺钉。能哥的这趟经历
让我们明白了很多，原来科研不仅仅是实验室里钻精研微时的"智
慧魅力"、先进仪器精密运转时的"神秘帅气"，更多的是质朴、原

始、严谨的工作，正是一丝一毫的平凡，才能够积累成最后的非凡与伟大。

上天的玩笑

Rolay，听起来是一个很不错的中文名字的音译，他本人也的确算是个长相帅气的山东小伙。在我们学生中，Rolay是去南山观测站出差次数最多的学生，后来我去新疆也正是受到了他的"蛊惑"。不过直到来到南山观测站，我才得以见到这位已被晒黑的Rolay师兄。如果当时让我自由发挥，我会毫不犹豫地称呼他为"Black Rolay"。

第一次踏上新疆这片土地的时候，Rolay深刻体会到这里有着与东部完全不同的地域风情。从那之后，每隔一个多月他就要去一次，和不同的老师或者同学搭档，前往南山观测站"值班"。

2018年12月31日，新疆的天空中飘起了"跨年雪"，这里的大雪并不是像北方那样柳絮般的鹅毛雪，而是细盐颗粒似的。雪粒堆落在海拔两三千米的南山观测站上，大概有10厘米厚，而下雪后的天气也显得愈加寒冷。寒风凛冽，人站在风中，身体各处都会感觉到如针锥刺骨般的疼痛。

此时，Rolay跟毛奥师兄正一起蜷缩在地面站的控制舱里，关注着光学仪器的工作状态。下午5点左右，太阳准备落山了，他们像往常一样打开光学舱，升起望远镜，调节好激光发射和接收系统，为晚上的轨道任务做前期准备。晚上7点半，四面八方已漆黑一片，星星点点的灯光在广袤的草原上倔强地亮着。

一切似乎都有条不紊地顺利推进着。直到晚上8点左右，因为食

设备调试工作照（2018年12月31日新疆天文台南山观测站，毛奥摄）

堂素来保持着"过时不候"的传统，他们决定先去吃点东西。而轨道任务的约定时间就在不久之后，况且望远镜的升降舱时间相对较长，还要提前进行指向调整，所剩无几的时间并不允许他们进行关舱、开舱的操作，因此只是切断电源，用黑布盖住了望远镜机架。在确保舱门被锁上后，他俩便快速赶去食堂。

时间一分一秒地流淌着，似乎与平时一模一样，又似乎与之前有着说不出来的不同。在回去的路上，Rolay还和毛奥师兄打趣，调侃着路灯下寒风中乱舞的"小飞虫"。突然，他感觉有冰凉的东西落在鼻尖，瞬间明白了之前被他调侃的"飞虫"其实是从天上飘落的小雪花。回过神来的他大喊，"快跑！赶紧去地面站！"，两个人丢下手中的饭盒，朝着地面站的方向撒腿飞奔。

就这样分秒不停地跑了十多分钟，气喘吁吁的Rolay打开手电筒，艰难地爬上望远镜所在的光学舱，看到里面的情形，长舒了一口气——高原的低温环境并没有让雪花融化。他奋力抖下黑布上所有的雪花，跟毛奥师兄像两个全副武装的战士，使劲用雨布遮住整个光学舱，紧接着一边准备去控制舱操作电脑，一边升起光学舱。

Rolay此时才发现，之前在拿饭盒的时候，把装着控制舱钥匙的背包留在了房间。鉴于毛奥师兄对设备不熟悉，Rolay决定让他跑回去拿控制舱钥匙，而自己继续站在舱顶上，用手不停地扫雪，防止过厚的积雪压塌雨布，同时还要钻进狭小的空间中检查光学舱内的设备。漆黑的雪夜里、空旷的草原上、凛冽刺骨的寒风中，陪着Rolay的仅有手机手电筒发出的淡淡灯光，照亮着眼前的一小片黑暗。他头脑里不断想象着光学舱进水导致的各种可怕后果。此时此刻，这短短的二十几分钟，在Rolay的心里显得格外漫长。

筋疲力尽的毛奥师兄带着装有钥匙的背包终于赶了回来，两个人来不及多说一句话，快速地打开控制舱舱门，重新打开设备电源，收起光学舱的扶梯，降舱，随后关闭舱盖，开始对设备进行详细检查……大雪恰好停了，两个人心中一直悬着的石头也终于落了地。

事后，两人瘫坐在控制舱的椅子上，憨笑道，"今晚只能吃泡面将就一顿了。"之后，Rolay回想起这事总跟我们感叹，对待科研，要爱之如命，一丝一毫都马虎不得。

难忘的七夕之夜

2019年7月初，作为刚刚结束中国科学技术大学代培生活的一名研究生，我终于回到了阔别两年之久的上海光机所，加入慕名已久的激光通信与激光雷达研究课题组。我来到组里仅十余天便独自踏上西飞新疆的航程。

从来没有单独坐过飞机的我，似乎不知道什么叫未知，什么是恐惧，只有一腔热血，想象着亲眼见证卫星和地面实现高速相干激光通信的伟大时刻。五个多小时的飞行时间，让我拥有足够的时间好好欣赏沿途美妙的风景。我发现，上海在多雨天时节的云层像一床厚厚的棉絮；而在晴朗少雨的新疆，空中的云层则更像是一群在空中奔跑的绵羊。孤陋寡闻的我，竟然不知道天空中的云竟然也如此具有地域风情！

到达乌鲁木齐地窝堡国际机场后，我取完行李，被一名叫"别克"的本地牧民司机驾车送到南山观测站。这位"别克"大哥向我介绍了

上海、新疆上空飞机剪影
（2019年7月11日，从海胜摄）

新疆的风土人情，我们一路上有说有笑，相处融洽。

走到南山观测站的大门前，我大声喊了一句："你好，有人吗?"只见几名装备精良的保安，手持防爆盾、防暴棍从大门中走出来"迎接"我。万万没想到自己被这样"隆重"接待，安全感爆棚。

办理好入住手续后，我按照电话中负责老师的提示去找地面站所在的实验区。蓝蓝的天空，绿绿的草地，奔跑的骏马，成群的绵羊，俏皮的土拨鼠，还有远处戴着白雪"帽儿"的高山……一切景象都是那样地令人心旷神怡。

不知不觉，来到南山观测站已经有十几天了，每天的工作时间点基本都是下午2点到凌晨5点，我已经完全适应了晚上做实验、白天补觉的生活节奏。每天和师兄按照操作流程与实验安排，对20千米

新疆南山地区风貌（2019年7月11日，从海胜摄）

的固定靶点、天空常见行星以及几个常用卫星进行固定观测。利用控制舱内的计算机在星图中选取合适的星座或者固定靶点，然后设置软件操控，控制光学舱中的望远镜旋转至指定星座或者靶点位置，测试系统对目标的跟踪性能。

轮值期间，有两家分别来自长沙和成都的外协单位为解决设备当时存在的跟踪闭环不准确、自适应光学效果不佳等问题，来到地面站进行实时调试。那几天，我们不断对跟踪系统的闭环效果、自适应光学的光轴性能进行反复测试、调整与优化。

七夕那天的下半夜，远方都市的空气中依然弥漫着浓郁的浪漫气息，而我们仍在继续作业，在室外不断调整平行光管角度，配合解决望远镜系统的准直问题，其他小伙伴也在舱内紧锣密鼓地进行测试、不断修改方案、修改代码和算法。

设备调试工作照（2019年7月1日新疆天文台南山观测站，韩荣磊摄）

经过不断的努力与付出，我们终于解决了之前存在的问题，望远镜设备的光轴基本对准及自适应光学波面实时校正问题也得到基本解决，跟踪捕获问题基本正常，各项指标基本恢复正常，我们距离星地激光通信的实现更近了一步。

等到回宿舍的时候，已经是上午10点，这是我在那里待了二十多天第一次吃早饭，也第一次看到南山的日出。后来经其他部门协调，在有关老师的带领下，我们一起完成了一次地面通信终端与近地轨道卫星高速相干激光通信任务。那时，难以抑制的激动彻底冲散了高强度加班带来的一切疲惫感。

偶遇墨子号

2019年8月1日，正值"八一"建军节，此时的昼夜温差比之前大了一些。白天依然是蓝天白云、晴空万里，牧民们的牛羊懒洋洋地躺在绿色草原上晒太阳；一到晚上，即使穿着军大衣或者羽绒服，也不一定能抵御高原上的寒气。

那天凌晨，天气晴朗，云朵比较稀少，空中的星星不再躲在黑暗里，而是悄悄地露出头，眨着熠熠生辉的眼睛，静静地注视着这片大地。我和师兄像往常一样，按照操作流程和实验安排，分别对20千米的固定靶点、天空中指定行星以及几个常用中轨卫星进行固定跟踪观测。

我们在控制舱内的计算机星图中选取了几个合适的星座，让望远镜系统跟踪指向的固定行星，测试跟踪系统的脱靶量以及稳定程度，然后将望远镜系统指向固定靶点，测试系统在静止目标下的稳定性能。根据早些时间计算好的卫星轨道，我们控制望远镜系统指向动态的卫星，进行实时跟踪。在执行完地面靶点校对、行星指向及卫星跟踪等任务后，我们将当天的实验记录结果汇总、总结，发送给负责老师。

正在打算回宿舍休息时，我们突然发现有一个绿色光点在天空中浮动，像是一颗绿色的流星，但运动得非常缓慢。原来，那是中国科学技术大学星地通信平台正在与墨子号量子科学实验卫星进行星地通信实验，我连忙拿出手机记录下这个激动人心的时刻。我感到荣幸，更为我们的国家感到自豪。

这张模糊的照片，记录了我对科学的敬意。这段追光逐梦的经历，时时刻刻提醒着我要仰望星空，脚踏实地，不畏困难，敢于迎难而上，胜不骄，败不馁，一步一脚印地铸就一片绚丽多彩的梦想星河！

偶遇墨子号（2019年8月1日凌晨新疆天文台南山观测站，从海胜摄）

感悟与思考

历经十几年的攻坚克难，星地空间高速相干通信项目从理论验证阶段的一粒种子，最终长成了一棵参天大树。背后有一次次痛定思痛的反思，有一次次筋疲力尽的咬牙坚持，有坐得冷板凳的惊人定力，有钻精研微的智慧攀登，有传承，有接力……

课题组的孙建锋老师和周煜老师曾投身一线，在实验条件的初期建设过程中贡献了很大的力量，在后期科研问题的解决过程中也常常能在毫无头绪且让人头痛的问题中快速发现症结，找到行之有效的解决方法；鲁伟老师和奚越力老师长期坚守在新疆地面站一线，为了项目的顺利开展，舍弃许多自由时间以及陪同家人的时间……

我们默默对老师们的"神通广大""无所不知"竖起大拇指，心中充满敬意。从我们学生的角度来讲，我们尽量叙述自己参与这个项目期间的所见、所闻、所感、所获。时常想，为什么我们能自始至终、不畏艰难地坚守新疆地面站项目？这与课题组的韧劲儿和执着精神密不可分。课题组的每位老师身上，都有一股对待科研问题的较真劲儿，有不达目的不罢休的执着，这也就是我们日日提及的"上光精神"。我想正是这股韧劲儿和这份执着，激励我们攻坚克难、不断前进！

新疆地面站的轮值经历，让我们每一位学生都收获颇多。对我而言，这段难忘的经历让我深刻领悟到：科研是崇高的、伟大的，让人不由得心生敬畏；但科研也是平凡的，伟大的科研工程一般都是由林林总总的小事情有序组合而成的；科研的成功之路是蜿蜒曲折的，一路上充满着诸多挑战与困难，不可能一蹴而就、一帆风顺；科研的意义不仅仅在于探索和发现未知的世界，还能引导我们不断思考，审视自己，重构我们与世界的关系。

在平时的科研生活中，我们作为科研新手，不仅要拥有"初生牛犊不怕虎"的勇气，还要培养自己"精感石没羽，岂云惮险艰"的研究精神。作为新时代青年，我们更需肩负起时代赋予的重任，志存高远，脚踏实地，努力在中华民族伟大复兴中国梦的实践中实现自己的人生梦想、人生价值，书写属于自己的新时代壮丽篇章！

永远在路上

——

方凡

作者简介

方 凡

　　1993年出生，2016年毕业于哈尔滨工业大学。2016年至今，在上海光机所航天激光工程部从事光机结构设计相关工作。现任航天激光工程部工程师。

个人感悟

　　航天人的成长离不开前辈的引领、细节的把控、创新的思维和家人的支持。坚定信念，持之以恒，向更高更远处前行。

到上海光机所已经六年了，从学习培训开始，逐步参与了多个航天项目的研制开发，这一过程充满挑战也催人奋进，其间酸甜苦辣，皆是人生的收获。

绝不掉进同一个坑两次

从学校到工作岗位，有很多地方需要学习和融合。从设计理念、质量意识到工作软件、建模方式等，均与实际岗位的要求存在较大的偏差，很多地方都是从零开始。

"师父领进门，修行不仅靠个人"，在入所培训后，结构组组长谢可迪十分鼓励大家，"不懂就要问，培训不可能面面俱到，要在实际工作过程中发现不足，积极提问，快速进步"。在他的言传身教下，各位组内同事也做到了知无不言言无不尽，大家的专业技能和学术素养快速提升。

组内经常组织经验分享会，分享工作心得体会、专业技能，最重要的是交流经验教训，避免类似问题重复发生。

"我们部门主要负责航天产品的研发，产品研发周期长，经济价值高。每一次挫折带来的都是时间成本的增加和不小的经济损失。部门尊重客观规律，理解研发过程的挑战和不确定性，愿意花成本来培养大家，让大家试错，在挫折中成长。也希望大家迅速成长，大胆创新，勇攀高峰。"

"每一次的经验教训不是负担和包袱，反而是我们宝贵的财富。中国科学院聚焦创新型的研发任务，研发的过程总是曲折的，有反复有挫折都是正常的，不要有心理负担。重要的是，我们要从中学习，从中成长，犯错误不可怕，可怕的是重复犯错误，我们绝不掉同一个坑里面两次。"在经验分享会上，谢可迪开场白如是说。

师长们分享了很多设计过程中需要注意的事项和案例，每一条每一项都是汗水浇铸出来的财富。

前辈的引领对进入行业的新手来说十分重要，可以让大家少走很多弯路。通过经验分享会，我了解到航天设计工作的重要性。航天设计关系到国家重大专项任务的成败，关系到动辄成百上千万的成本投入。但同时，科研工作又是富有挑战性的，不能因为项目事关重大而束手束脚，故步自封，要做到胆大心细，依靠完善的验证流程和质量体系来保证项目的风险可控和稳步推进。

细微之处见真章

我们部门主要从事航天产品的研发与生产。工作中经常讲"细节决定成败"，航天产品的研发也是如此。不同于一般的地面产品，航天产品由于其使用环境的特殊性，产品的研制成本非常高，对质量和可靠性的要求近乎苛刻，要做到稳妥可靠、万无一失。在结构设计的过程中，需要兼顾尺寸、重量、温度、抗辐照、抗电磁干扰等多方面的因素，是一项复杂的系统工程。99%的问题解决了，1%的细节没有考虑到，也会导致设计的失败。

精密的光学系统就像一块嫩豆腐，我们既需要将它固定住、拿起来，又要小心不能把它捏碎了，因此光学系统的固定和安装结构是机械设计师需要重点考虑和设计的内容，一般称为"柔性安装结构"。

在一次光学系统柔性安装结构的设计中，要求在满足光学系统的固定与夹持的基础上，能够在±10℃的温度下保持光学性能不改变。基于这一设计要求，通过参考之前的设计和查阅相关文献资料，我决定将整个安装结构分成"刚"和"柔"两大部分，"刚"的光学基板用来安装整个光学系统，保证镜片间相互距离的稳定性；"柔"的安装脚用来吸收安装和温度变化导致的变形，总体的思路是柔性部分吸收变形来保证刚性部分的稳定。

刚性的基板设计起来相对较快，柔性的安装脚则需要花费一番工夫。过刚的安装脚难以满足吸收变形的需要；过软的安装脚在重力下就会产生比较大的变形，到太空后重力消失，导致失重变形，同时还难以抵抗火箭发射时产生的高频、高强度振动。

经过多轮的反复迭代与摸索，第一版完整的设计方案出炉了。设计仿真结果显示，各项指标均满足要求，安装脚在火箭发射时也不会发生断裂。很快，样机研制生产也完成了。

部门负责人侯霞研究员要求，新技术、新方案要单独验证，快速迭代，在安装光学系统之前，先进行单独的结构性能试验考核。

随后，在专用的振动台对结构部分进行力学考核。振动台可模拟火箭发射时产生的巨大振动，以考验结构是否足够结实。试验之前，在整个结构上安装了同样重量的模拟件来替代光学系统，在重点位置粘贴加速度传感器来检测整个试验过程的数据。

很快，两个方向的试验完成了，试验曲线一切正常，成员们稍稍松了一口气。在进行第三个方向的试验时，一开始曲线正常，然而，进行到一半的时候，振动台负责人陶立指着显示屏上面的试验曲线说："检测点的曲线不对了，可能有螺钉松动。"大家一齐看向振动台上面的结构，结构安装脚的部位果然发生了脱离，是明显的螺钉松动迹象。陶立立即按下了紧急停止按钮，整个实验室瞬间安静了下来。

我赶紧打开门进去查看，发现螺钉并未发生松动，但是情况更加严重，其中一个安装脚发生了断裂。最不愿看到的事情发生了，结构件没能通过力学试验考核，设计不合理，大家的心瞬时凉了半截。

缓过神来，大家对试验现场的结构件进行了仔细的检查，发现除了已经断裂的安装脚，另外两个安装脚也出现了不同程度的裂纹，安装脚的强度不满足要求，不够结实。

我将这次试验的情况汇报给了谢可迪。他马上召集组内经验丰富的同事一起进行问题分析。谢可迪和陶立首先检查了力学试验的输入条件和控制曲线，确认力学试验的实施是正确的。随后从安装脚的机械加工厂家调取了安装脚材料的参数手册，核实均符合指标要求。对同批次加工出来的安装脚进行了显微观察，未发现有裂纹、腐蚀等缺陷。在排除试验、材料和加工等环节后，问题聚焦到设计因素上。

我立马找出结构设计报告、仿真分析报告和设计图纸等文件。其实，文件天天看，即便是"错误"都被大脑默认了。这时候，谢可迪从设计报告入手，仔细核查设计的细节；仿真分析师万渊从仿真分析报告出发，仔细核对分析中的每一个参数和条件；结构设计师宋铁强、周国威和庞浜则把重点放在设计图纸上；技术能手张永则关注整个装配过程的合理性。大家随时随刻相互提醒：绝不放过每一个可能的细节。

"三个安装脚的共面度要求有没有提？会不会是三个安装脚高低

不平，在安装的时候引入了过大的安装应力？"

"紧固的螺钉有没有按照固定方式拧紧力矩？力矩大小是否符合规范？螺钉的放松胶配比是否正确？胶的固化时间是否足够？"

"材料仿真参数设置是否正确？单位制的选择是否正确？"

"试验工装的固有频率有没有测试？会不会试验工装太软导致力学试验有放大？试验工装的平面度有没有提要求？试验测点的位置是否粘贴正确？"

……

讨论中，大家从不同的角度，对可能的问题、原因进行逐一排查，但都被一一排除，第一次的讨论进行到深夜。经过半天的头脑风暴，大家都很疲倦，于是谢可迪让大家先回去休息，第二天精力充沛后再继续排查问题。

回到家中，或懊恼，或疑惑，或焦虑，辗转反侧睡不着，头脑中一直在回想整个设计、生产和试验过程，究竟是哪里出了问题？

很快来到了第二天，同事们又重新坐在一起。其实每个同事手中都有很多自己的工作需要忙，大家暂时放下自己的事情来帮助我一起排查问题，也是希望能够尽快帮我走出试验失败的阴影，尽早弄清楚原因所在。

排查过程中，万渊看着仿真模型问道："安全系数的计算中，应力用的是均值还是峰值？"声音不大，但直击要害。我赶紧找到安全系数计算的章节，果然使用的数据是均值而非峰值，二者的差距有3倍之大。将峰值的数据带入公式中重新计算可知，结构的安全系数小于1，结构不够结实。问题找到了！

排查问题是第一步，第二步就是问题的复现了。我们用备件重新组装了一台同样的样机，在断裂的位置上贴上了可以测试应力的传感器，重新进行了一次试验。很快，试验证实了我们的排查结果：安装脚发生了断裂，在断裂之前传感器测试的值已经接近材料的极限。

问题找到并复现确认，下一步就是改进设计——强化结构。第二版方案在经过复核复算之后，又投产了一套样机，组装完成后继续进行力学试验考核。

试验开始了，看着产品随着振动台作剧烈往复运动，听着透过玻璃窗口传来的巨大噪声，虽然这次经过反复演算，已经有了十足的把握，但心仍然提到了嗓子眼。力学试验只有短短的2分钟，但每一秒都显得那么漫长，时间仿佛凝固了。站在控制室里面，身体也定住了，好像动一下都会影响试验结果似的，眼睛紧紧地盯着显示器上面的传感器数据和倒计时，10，9，8，…，2，1，0，终于全部的力学试验完成，振动台也停了下来，各项指标正常，外观检查无误，试验通过了！

航天产品的结构设计是一项复杂且精细的工作，需要考虑方方面面，每一项又需要做得细致。设计中，99%的成功不能掩盖1%的失败，细微之处见真章，方寸之间判高低。

新技术要大胆用起来

航天是一个追求高可靠性、高稳定性的领域，成熟可靠的技术产品是航天任务成功的基础，不断创新是推动行业发展和进步的动力与源泉。最近几年，国内外商业航天的发展如火如荼，其发展理念对航天产品的质量、功耗、成本和周期提出了更高的要求，传统的设计理念很难满足快速发展的需求，"大胆"的创新势在必行。

在一款小型化航天机构产品的设计中，我担任单机的结构主管设计师。电机驱动装置的选型设计是工作中的重中之重。对已有的类似方案梳理和总结后，我们发现，这些均难以同时满足使用要求。在经过长时间的调研分析和迭代设计后，一款新型电机的方案进入我们的视野，该方案可以满足功能和性能指标，但需要重新进行研发。

因为该方案的优缺点均十分明显，当时，项目组内部意见的分歧比较大。作为这款电机选型设计的直接负责人，在项目组的专题讨论会上，我根据前期的了解表示："该型电机优点非常突出，可以大幅度减轻产品的重量，缩小产品的体积，满足使用功能的要求。但是作为一种新方案，不确定因素多，研制的风险比较大，我也不确定是否能成功。"虽然很中意这个方案，但是对于未知的担忧也让我打起了退堂鼓，心里时常问自己，在成熟方案上优化，再发掘发掘是不是也可以？

项目负责人高敏听过我的担忧后说道："这款电机我也关注很久了，做了一些功课，了解了它的原理和方法，我觉得这是一个很好的方案，只不过它的'脾气'我们还没有摸透，需要我们花点力气去探索一下，好在这个型号目前的进度压力不是太大，我们还有时间，新技术要大胆用起来。"得到认可后，我抓紧时间，进一步细化方案。对比国内外数家该型电机的研制单位后，考虑技术的先进性和产品的可获得性，我们将意向锁定在中国科学院院士、南京航空航天大学教授赵淳生团队研发的电机产品。

经过前期调研，我们整理好资料赶赴南京与该团队当面进行技术沟通。在南京航空航天大学的实验室内，我们参观了电机的实物，该电机尺寸相对小，已经成功应用于探月工程。该团队表示："技术的发展需要需求去牵引，你们的需求对我们技术的推进是有帮助的，我们会全力配合，完成电机的研制。嫦娥三号可以成功，你们的项目也一定可以成功的，我们大家一起努力。"

这次现场沟通，坚定了我们的信心，也明确了接下来努力的方向。项目总工程师孙建锋研究员听取了我们的沟通结果后，鼓励我们："大胆创新，放手去干。"

方案的确定并不意味着问题解决，相反这才刚刚开始。熟悉工程项目的人都清楚，新技术里面隐藏了大大小小的"坑"，一不小心就会掉进去，轻则影响项目进度，重则发生质量问题，导致返工。对于

孙建锋研究员（左）与来所交流的赵淳生院士（右）

我们来说，重要的是仔细分析，全面梳理，制定计划和预案，把这些"坑"找到，及时避开或填上。

进入详细设计阶段后，从电机的材料选择、构型设计、安装、测试到试验，每一步都严格把关。经过一系列的控制措施和实物试验，我们发现新方案对辐照和力学不敏感，具有较长的使用寿命，但在工作过程中会产生一定的碎屑，在低温下工作性能会受到影响。基于此数据和结果，我们对方案的设计进行了改进，设计了"迷宫"密封，使得碎屑不对周边部件产生影响。热控主管杨雪在方案里增加了保温设计，将温度控制在电机的最佳工作温度范围内。

经过实物验证和持续改进，在南京航空航天大学工程师朱星星和结构组同事陈修霞、周馨的协作努力下，一个新的方案变成了一个可靠的方案，大胆尝试成就了完美的产品。目前，该方案已经成功应用于3台套单机，并在轨运行正常。

家人的支持是前进的动力

航天工程项目除了技术指标之外，对时间节点的要求也非常高。一个复杂的航天器系统，涉及运载、卫星、载荷、场地等方方面面，每一个关键节点的滞后都会导致整个系统工程进度延期。因此，对项目进度的管理和要求，不亚于对技术指标和质量的要求。在航天产业特别是激光通信行业大发展的今天，工作节奏快、强度大，经常加班是每一个从业人员需要面对的必修课。

长期的加班生活非常考验航天人的"平衡"能力，如何在工作和生活中找到平衡点至关重要。工作任务不能丢，需要自身投入更多的精力，家庭生活也要维护，个人发展离不开家人的支持。

一直以来，妻子都很尊重我的选择，希望我能够在完成国家科研任务的过程中实现自己的人生价值。从事航天行业，参与国家重大项目是最直接也是最有效的实现人生价值的方式。妻子嫁给我之后，就远离了父母和亲朋，恰巧她的工作不是很忙，与我形成了鲜明的对比，家庭的琐事就全部落到她的头上。

数次结婚纪念日和生日也因为项目进度紧张而无暇顾及，相对于缺失陪伴的遗憾，她更担心熬夜对我身体的伤害。

2019年，有一个项目进入最后的集成测试阶段。一天下午，我们按计划开始进行最后的单机合盖，完成后进行性能测试，第二天即将交付总体参加试验。

超净实验室没有透明的玻璃窗户，人在其中是一种"与世隔绝"的状态，很难感受到室外的天气变化和时间流逝。根据管理规定，超净实验室内不可以携带手机进入，要是不注意看墙上的挂钟很容易忘记时间。

由于进度紧张，我忘记看钟，等忙完已是晚上8点多了。平时，妻子一般都会在家做晚饭，我也会尽量回家吃饭，即便不回家也会提前打电话通知一下。一抬头看到时间，我心想："完了。"赶紧去实验室门口打开手机，果然好几个未接电话。赶紧回拨过去："老婆，在实验室干活忘记看时间了，你吃了吧？""电话不接！饭也不吃！菜都凉了！别回来了，住单位吧！"啪，电话挂了。刚想再打过去，这会儿，实验室里测试的同事过来反馈说，测试还有点问题，需要我进实验室再看一下。我想想，再打过去，她也不一定接，算了，先进去把问题解决，好早点回家。

处理好问题，完成测试和打包之后，已经11点了。出发回家之前，我给妻子发了条微信汇报了一下情况。到了家门口，我小心翼翼地打开了门，发现妻子气鼓鼓地坐在沙发上，而桌上，摆好了晚餐。

 方凡

2019年8月23日 23:56　删除　　　　　　　　　　• •

加班晚餐（朋友圈截图）

航天人长期忙于工作，对家庭的照顾相对缺失是一个普遍存在的现象，背后有爱人的默默付出和无言坚守。他们是航天人最坚强的后盾，也是航天系统最需要呵护的群体。

与祖国一起成长

—— 封惠忠

作者简介

封惠忠

　　1965年出生，1986年毕业于上海科技专科学校，同年进入上海光机所工作。长期从事半导体激光器件与工艺的研制工作，参与院内外30多项课题。从半导体激光材料的生长、芯片的制作、大功率半导体激光器封装和器件的应用等工作中积累了大量经验，2004年开始参与嫦娥工程项目——激光高度计激光器研制，主要负责激光高度计内部关键器件的工艺设计、制作与技术支持。现任航天激光工程部高级实验师。

个人感悟

　　此心光明，亦复何言。

作为上海光机所科研队伍中的一员，我很庆幸自己生逢伟大的时代，更庆幸自己踏着时代的步伐，将科研的足迹烙印在祖国大地上，把自己的工作熔铸于祖国伟大复兴的时空坐标中。

我常常"标榜"自己是科研路上的自勉者、奋进者，但最让我感到骄傲的是，我、我的工作，都与我们的国家共同成长、同向同行，我是中华民族伟大复兴征程的见证者、参与者！

当"晶体"遇到"金属"

1986年刚进所时，我被分到半导体实验室（第14研究室）。当时实验室科研人员不过20来位，主要从事半导体激光器的研制与运用。

方祖捷主任安排我参加由上海有线电厂开发研制的磁控溅射台的验收工作，磁控溅射台是当时用于研制半导体芯片腔面保护膜和半导体上电极的金属欧姆接触层关键设备。我既兴奋，又紧张。

半导体实验室工作团队

半导体光子芯片

　　好在有方老师引路。在他的带领下，我查阅了许多相关的科技文献，从零开始摸索，自己动手对设备进行不断改进。"书山有路勤为径，学海无涯苦作舟"，在不断地试验摸索后，我们终于成功探索出了相关材料工艺参数，将半导体芯片的电极材料由传统的镉金改为钛铂金，芯片的研制工艺技术水平得以整体提升。同样，由于我们掌握了半导体芯片相关制造工艺和技术，为多项国家攻关项目任务的完成，以及特殊焊接技术在空间激光工程型号多项任务中的广泛运用打下坚实的基础。

　　2003年初夏的一天，侯霞博士拿来一根细小的晶体棒，问我能不能把它与铜散热块弄在一起，就三个要求：第一不能使用胶粘；第二不能使用助焊剂焊；第三不能让两端光学腔膜造成损伤。听起来非常容易，可实现起来就不是那么回事了。一方面，我们没有任何经验可以借鉴，如选用什么焊料、需要多少量、焊接部位如何控制以及高温下两端光学腔膜怎么保护等；另一方面，焊接时，温度、时间、均匀性怎么控制得当？更重要的是如何确保在整个操作过程中，端面光学腔膜不受任何的损伤？一个个问题横亘在我面前。

有位大咖曾告诫我们：一个人要做成一件事情，本质上不在于你能力有多强，而在于迎难而上、顺势而为，于万仞之上推千钧之石。这意味着不能被过去经验束缚，被已有资源裹挟，被单一的专业规则和思考方式所限，而是要学会"有限多元"的思维方式，既不局限于某一特定规则，但又能保持一定的专注。

考虑清楚技术路线和实施方案后，既然没有现成可用的设备及材料，我便决定自己动手。从改进原有的真空炉、设计操控工夹具，到自己制作预成型焊料，一次次试错、一次次修改、一次次提高。辛勤

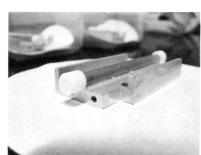

运用于嫦娥系列空间激光高度计固体激光器关键焊接组件

的汗水没有白流，最终用自己的双手交出了合格可靠的产品，它随着嫦娥系列卫星一次次飞向月球……

同为国家建设者

2005年夏天，为了扩大我们自己研制的光纤传感器的实际应用，我们与同济大学合作，将新研制成功的应力传感器安装到当时正在建设的我国第一座跨海大桥——东海大桥上。跨海大桥的设计要求必须能够抗击12级台风、7级地震，安全监测必须要有多种方案同时实行，我们的传感器就如24小时心电图监测仪对心脏病患者的监测一样，对大桥进行实时监测记录。在上海，七八月常有台风光顾。为了确保大桥的安全，我们必须赶在台风到来前把监测仪器安装、调试到位。

科研小分队正在紧张架设监测器件和线路

七八月也是上海一年中气温最高的月份，闷热潮湿。东海大桥的主桥墩几乎密闭的空间如同蒸笼一般，大家紧张地安装着，汗流如雨。科研小分队一人多岗，既是工程师又是管线工，甚至把运人运货的活也给揽下了。

　　就这样蒸了好多天桑拿，任务终于如期完成。踏着夏日夕阳的余晖，大家打趣道，终于闯过了"九九八十一难"，却全然不知自己高兴得太早。回去的路上，我们借来的面包车出了状况。可能是连续多天在凹凸不平的桥上来回穿梭，后轮爆胎了。就在一筹莫展、束手无策时，一队大桥施工人员下班经过，他们二话不说，三下五除二帮我们解决了问题。他们的领队握着我的手说了一句让我至今难忘的暖心话："我们都是国家的建设者！"

东海大桥建设者驰援解困

小小密封圈

精密光学系统不仅仅是光学的艺术，更是光、机、电、算的"组合拳"，要考验的不仅仅是物理机制引领的前沿构思，还有先进技术承载的创新实践，更有深厚工艺积淀的巧妙细节。每一步都不可或缺，每一处都必须精益求精，尤其是在工程型号任务中，哪怕一个"小小密封圈"都足以撼动全局。

密封圈

2009年初，为了提升真空钎焊技术水平，满足越来越多科研任务的需要，在项目组总指挥过问下，我们花大价钱从德国引进了一套专用工艺设备。从技术指标确定到设备进关安装、调试、验收，可谓一切顺利。大家信心满满、摩拳擦掌，从设计工装夹具、摸索工艺参数，到筹备各种试验材料，满意的科研产品似乎呼之欲出。

然而，人算不如天算，新设备使用没多久就出了状况。如果等德国专家来维修需要好几个月，但任务不等人，好几个型号项目（如嫦娥、高分、大气激光雷达等）都需要用它来研制高质量的组件。工艺组工程师、主任设计师、项目主管领导的心里无不被设备突如其来的

"罢工"困扰，压抑的气氛笼罩着整个实验室。

经过与德国专家电话和邮件的几轮沟通，我们基本确定设备故障应该是甲酸泄漏所致。仔细分析后，工艺组同事讨论认为，我们自己可以先试着找找甲酸储存腔体及周边管路是否有隐患。这一重任落在了我的肩头。在同事的帮助下，我戴好防护手套和护目镜，像一名全副武装的外科医生。

面对即将进行的高难度"手术"，我心中五味杂陈。我开启设备排风系统，开始对甲酸分系统逐一排查。难度远比我想象得要大，加液口下端连接处管路密集，安装位置相当狭小，六个M6内六角螺钉没法同时装调，最里面的两个螺钉更是最多只能旋转15°。我屏住呼吸，生怕一丁点的手抖就会酿成大祸。细心拧松螺钉，打开密封盖后，我找到问题的症结——此处有个小密封圈发生了偏位，并与紧固螺丝

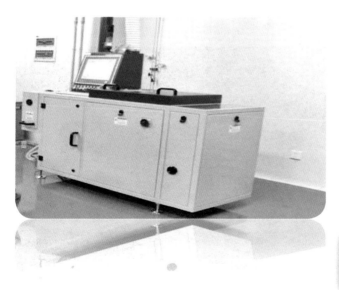

VLO-20 真空钎焊系统和损坏的密封圈

碰擦受损。然而最难办的是，该处密封圈竟然没有定位槽！

困难不言而喻，大家陷入了新一轮的沉默。同样型号的密封圈需要从德国公司进口，从订货到批复手续烦琐，时间不可控；就算拿到密封圈，我们也很难确保自己进行的安装固定能达到设计的密封效果。

中国有句俗语，"一分钱难倒一个英雄汉"，此刻真的是"一个圈难倒一群科学家"。好在大家群策群力，动用了几乎一切能动用的关系，终于找到一个国产替代产品，在装校能手刘庆琰的配合下，一次定位安装成功，设备恢复正常工作。

我至今记得，不苟言笑的总指挥陈卫标在得知项目顺利开展后，非常感慨地说道："因为一个小小密封圈故障，关键时刻也是很要命的事。好在通过我们课题组同志的努力，及时地把问题解决了！"

这件事，也在上海光机所的每一位科学家心中埋下了自强自立的一粒种子。

中国科学院上海技术物理研究所与上海光机所航天工程项目研讨会（苏州东山）

朝气蓬勃的科研力量

没有人不会老去，但总有人更年轻。我们科研团队越来越壮大，很重要的原因就是总有优秀的年轻人如雨后春笋般涌现，扛起大旗。今天上海光机所的科研队伍，80后、90后占比已经超过70%，年轻、有朝气，而且敢啃"硬骨头"。队伍团队中党员占比达50%，先后多个支部建立了"上光尖刀连"进行科研攻关。

BD（北斗导航）通信、天问一号、空间站、大气环境星……我们承担国家型号的任务越来越多，但助力国家科技自立自强的初心从来没有改变。团队协作有恒心，科研攻关有耐心，生产研制有细心，科研处处有责任心。每一支团队，都是我们国家拿得出、打得响的科技生力军！

每一个成功者都离不开那些"人"：第一是家人，要开展艰苦卓

航天工程某项目组2019年喜迎春节

2014年建所五十周年员工全民健身走

越的工作，需要家人的支持；第二是个人，个人要扎扎实实，潜心深入自己的技术领域，持之以恒地努力，几十年磨一剑；第三是高人，我们每一个人的成长，需要有高明的人指点、引导；第四是贵人，如果遇到贵人相助，往往事半功倍；第五是众人，加入一支群策群力的优秀团队，攻坚克难，共同成长。随着年纪越来越大，科研进展越来越深，我对这些话也越来越有感触。

作为个人，面对星辰大海时是如此渺小，但是一旦融入国家科技事业建设中，就如登上一艘巨大油轮。这艘启程远航的巨轮上，汇聚越来越多有担当的各学科优秀设计师、专业工程师、实验师、管理者。不管是风和日丽、天海一线，还是惊涛骇浪、狂风骤雨，巨轮终将乘风破浪。

这是我们对国家、对科学许下的庄严承诺！

「金箍棒」，耍起来

——冯　衍

作者简介

冯 衍

　　1974年出生，2000年博士毕业于南开大学物理系，主要从事精密激光技术与非线性光学研究，在拉曼光纤激光器、钠导星激光器、非线性相位调控等方面开展了系统性工作。现任空间激光信息技术研究中心研究员。获德国Berthold Leibinger激光创新奖、中国科学院优秀导师奖、中国侨界贡献（创新人才）奖等荣誉。

个人感悟

　　人生是长跑，欲速则不达。

"看它像不像一根金箍棒?"

2018年3月的一个夜晚,在海拔3 200米的云南丽江天文观测站,我和学生们穿着军大衣,站在1.8米口径的望远镜平台上,仰望我们研制的钠导星激光。它直插星空,明亮的黄色光束就像孙悟空的金箍棒,顶天立地。

看清天上的星星

1957年,苏联发射了人类第一颗人造地球卫星"斯普特尼克1号"(Sputnik 1),美苏太空竞赛开始。在对卫星的跟踪观测中,科学家和军方认识到大气湍流引起的光波波前畸变是空间目标观测面临的最大难题。这种波前畸变造成了小星星们的一闪一闪,也造成了空间目标成像的模糊。就像水中的卵石,因为水面的波纹,难以看清。

人们眼中浪漫的星光闪烁却是天文学家们的苦恼,是一定要解决的技术难题。早在1953年,天文学家Horace W. Babcock就已经提出用自适应光学(adaptive optics)来解决这个问题。自适应光学使用可变形镜实时校正波前畸变,从而克服大气湍流的影响,改进望远镜的成像分辨率。但是,当时的技术能力还不足以实现这一超前设想。

在太空危机背景下,美国国防部高级研究计划署(DARPA)和美国空军从20世纪六七十年代开始支持自适应光学的研究。科学家们提出了一个非常科幻的想法,利用激光在天空的任意方位产生自适应光学必需的信标(人工导引星)。用波长589纳米的黄色激光来激发约90千米高空的钠原子层,钠层发射荧光产生人工导引星,这是至今为止最理想的信标产生方法。我的一项主要科研工作就是,研究与开发适用于自适应光学应用的钠导星激光器技术。

出国研究钠导星激光技术的那些年

我的科研工作，从很大程度上来讲，是由钠导星开启的，钠导星全称为钠激光导引星。

2001年，我在中国工程院院士、中国科学院物理研究所许祖彦研究员课题组做博士后时就开始进行钠导星激光技术的研究。

2002年下半年，我赴日本国立电气通信大学激光科学中心，加入了在高功率光纤激光器和陶瓷激光器方面具有国际知名度的植田宪一教授团队。植田老师给了团队充分的自由，不指定研究方向，也不做任何硬性要求。因此，在近三年时间里，我在光纤激光器、陶瓷激光器和随机激光器三个跨度很大的方向进行了探索性研究。

我注意到植田团队之前做过拉曼光纤激光器方面的研究。基于国内研究的经验积累，我立刻意识到拉曼光纤激光技术是获得钠导星激光器的一种潜在方案。首先利用拉曼光纤激光器产生波长1 178纳米的激光，然后在非线性晶体中倍频产生波长589纳米的黄色激光。

2003年末，团队采用最为简单的实验装置，在国际上率先演示了589纳米黄色激光的产生。虽然当时获得的黄色激光功率只有10毫瓦，离应用目标还很远，但是依旧振奋人心。因为这是首次采用光纤激光技术方案获得589纳米黄色激光，万事开头难，迈出的第一步即使没有实现目标也算得上意义非凡。光纤激光的方案相比其他方案，激光器更为小巧和易用，更适合位于偏远高海拔地区的天文台使用。

2003年末，在日本首次获得波长589纳米、功率10毫瓦的黄色激光

这方面的研究受到了国际同行的注意。因此，我于2005年加入了位于德国慕尼黑的欧洲南方天文台总部，进行基于光纤的新型钠导星激光技术研发工作。欧洲南方天文台是国际最先进的天文研究机构，建设并维护了一系列大型天文望远镜。在之后的四年半时间里，我研究了窄线宽拉曼光纤放大器、高效率倍频等关键技术，逐步把基于拉曼光纤放大器的钠导星激光器技术推向成熟。最后，欧洲南方天文台将技术转移至慕尼黑附近一家高科技激光公司，进行工程化产品研制。

在德国的这段时间，工作按部就班、卓有成效，生活节奏缓慢而安逸。我有大量时间陪伴妻儿，周末与朋友们聚会玩耍，享受生活。每年30天的年假，足够我们回国探亲和在周边国度度假。我对一个场景印象深刻，那时刚买车不久，筹划了荷比卢自驾游。我驾车行驶在德国高速上，妻子坐在身边，孩子在后座跟着音响放着的儿歌轻唱。我觉得非常满足，这已经是农村长大的我从未梦想过的生活了，就希望一直这么工作生活下去。

但是，随着研究项目的逐步成熟，我在海外科研机构触及了职业天花板，上升空间狭小。虽然生活上满足，但事业上的无力感让我心情郁闷。因此，我考虑转型做技术支持人员或者和多数在德中国留学人员一样最终进入工业界，以此换取稳定的生活。我的人生和科研事业面临着选择。

欧洲南方天文台位于智利的甚大望远镜（VLT）

回国开展创业式的科研工作

2009年，正当我在德国犹豫是否要脱离学术圈进入工业界时，收到了上海光机所的来信，邀请我参加一个面向海内外华人研究者的激光技术研讨会。这次研讨会的所见所闻对我产生了很大的影响，给了我第三个选择——回国发展。

在研讨会上，我与许多海内外同行进行深入的技术交流，了解到了国内最新的社会、经济动态，尤其是科研活动情况。国内经济迅速发展，科研院所的硬件条件今非昔比，国家对科学技术相当重视。当时，上海光机所的陈卫标副所长向我介绍了国内对钠导星激光器技术的迫切需求，他对我说："欢迎你到上海光机所工作啊！"

会后，我认真思考了所处的境况，认为就激光高技术研究而言，国内有更好的职业发展机会，也能给从小就有科学家梦想的我提供更加广阔的平台。我回到德国，和妻子详谈了回国的见闻、当前我面临的职业困惑和国内的发展机会。虽然七年多的时间里我们已经习惯了海外生活，那些美好、幸福、安稳的时光也让我们感到不舍，但是在考虑了方方面面的利弊之后，妻子也同意回国试试。于是，我向上海光机所递交了工作申请。之所以选择上海光机所，因为它是国内最强的激光技术研究机构，拥有最好的研究平台，最有利于进一步发展我研究的新型激光技术，并可推广应用到更多领域。

2010年，我回到了祖国，期待在上海光机所的工作中能实现自己长久以来的科研梦想。

回国开展科研工作，就像创业，需要找方向、找钱、找人。

方向好找。开展以重大应用为牵引的新型激光器技术研究，发展光纤激光与非线性光学学科方向，并逐步拓展至其他领域。

找钱也比较顺利。回国之后，我首先申请了中国科学院的引进国外杰出人才项目，于2011年获得择优支持。钠导星激光器方面的研究也顺利得到了国家863计划的支持。

找人是最大的难题。科研团队组建遇到了困难，我当时进行了博士后与助理研究员的招聘工作，面试了一些相关方向的博士，但因为薪酬待遇的问题，决定录用的最后没有来。这是当时科研院所面临的普遍问题，一时半会儿没法解决，只能通过慢慢培养研究生来建立科研团队。

实验室硬件设施也需要慢慢建设。从一件件设备和小小的螺钉开始，到后来建成基本完善的光纤激光与非线性光学研究实验室。令人欣慰的是，在这个过程中，学生们得到了系统的训练，成长迅速。他们工作积极主动，取得了较好的成绩，各种研究生奖项拿到手软。

我个人也遇到了挑战。首先是经济上的，收入直线下降，不到在德国时的五分之一，这比我预想的差距要大。虽然依靠积蓄暂时能维持体面的生活，但这让我对未来感到焦虑，对家人也很有负疚感。其次是生活上的，从欧洲缓慢有序的节奏转换到国内急迫且稍有混乱的节奏也是一个考验，整个适应过程花了我三四年时间。

冲刺更好的光纤钠导星激光器

在我回国后的几年里，在欧洲南方天文台的支持下，Toptica公司将拉曼光纤钠导星激光器技术开发为产品。激光器应用于欧洲南方天文台位于智利的甚大望远镜（VLT）和美国夏威夷的凯克（Keck）天文台的自适应光学系统上，也被未来欧洲的30米级极大望远镜（E-ELT）选为钠导星激光器首选方案。

2016 年，我作为激光导引星研发联盟（Laser Guide Star Alliance）成员之一，与欧洲南方天文台和 Toptica 公司的研究人员一起，获得了德国 Berthold Leibinger 基金会的激光创新奖——用以表彰在应用于大型天文望远镜的先进激光导引星方面作出的贡献。

在国内，我们的钠导星激光器研究工作也取得了重大进展，关键技术攻关取得了重大突破，拉曼光纤钠导星激光器技术得到进一步优化与发展，并超越了国外同类工作水平。首先，激光器功率大幅提高，单路 589 纳米光纤激光输出 50 瓦以上，且同一装置可输出峰值功率 80 瓦以上的百微秒准连续激光；其次，提出了周期性偏振调制方法，提升钠导星亮度；再者，首次研制成功拉莫尔重频的脉冲钠导星激光器，该激光器不仅可以产生更高亮度的钠导星，还可用于钠层远程磁场测量研究；最后，发展了钠导星激光新的应用方向——钠原子磁力计与基于钠层的远程磁场测量技术。

团队的研究和新进展受到了国际关注。钠导星专家、前美国空军实验室科学家 Paul Hillman 在看到我们的脉冲钠导星激光器和钠原子磁力计的工作后，联系我们，推荐了他自己在这些方面的工作，并提供资料。研制了钠导星激光器产品的德国 Toptica 公司总裁 Wilhelm Kaenders 博士，多年来跟踪我们的研究进展，通过邮件和来访，与我们探讨钠导星激光的未来。

数年之内，团队在国内攻克并发展了光纤钠导星激光器技术，运转方式与光谱特性更加灵活。因为高效率、小体积等优势，拉曼光纤钠导星激光器是理想的天文用钠导星激光器。但要实现实际应用，我们还面临工程化研制的挑战。

　　团队中包括我本人，均没有研制工程化样机的经验，对光学了解多，对激光器产品必需的机械与电子学知识了解却很少。样机研制过程中，我们克服了一个又一个困难，解决了一个又一个技术问题，其中有些问题是团队知识背景缺乏导致的。举个例子，在某个阶段，激光器组装时，常常发生放大器烧毁，这在桌面实验中从未碰到过。我们想了很多光学上的可能性，反复试验，总是绕不开，几近崩溃。通过详细地考察装置细节和逻辑分析，最后我发现是电子学问题，是由接地处理不好带来的串扰引起的！如果团队里有电子学方面的人才，就可以避免这样的问题了。

　　这个时候，上海光机所作为国内最强的激光技术专业研究所的优势就体现出来了。除了所里全面的工程技术体系外，周边也聚集了相关的激光器公司。我们通过所内外协作，经过多次迭代，逐步完成了钠导星激光器样机的研制。

外场试验验证

　　终于，我们有了把激光器拉出去做外场试验的机会。对我们来说，这是机会也是巨大的挑战，这样"攒"起来的激光器靠谱不靠谱，能不能经受外场环境的挑战？这要打上一个问号。

　　刚开始选择了在所里就近试验，一方面是为了测试激光器，另一方面是摸索一下试验所需的其他技术。虽然知道上海的气候条件不适合钠导星的试验，不然先进的光学天文望远镜也不会安装到偏远的山顶，但内心还是默默期望运气好，在上海就做出现象来。果不其然，绵绵阴雨阻断了试验进程。遇到难得的晴朗天气，我们就抓紧在深夜往天顶发射激光，由于大气的散射，光束明亮如柱。但是，即使是上海最好的天气，我们也观测不到高空钠层的导引星。

但上天入云的黄色激光，让团队成员们十分激动。路过的行人纷纷拿起手机拍下黄色激光直插天际的一幕。住在附近的同事告诉我，他家小女儿有一天通过窗户发现了这束光，被吸引住了！这让我深感荣耀。

2018年初，通过多方联络，我们得到了去云南丽江天文观测站1.8米口径望远镜上试验的机会。观测站海拔约3 200米，激光器需要露天工作，昼夜温差大。云南的雨季也即将来临，时间紧迫，留给我们的观测时间已经不多了。能不能行？我心里忐忑，就怕激光器运到山上，安装在望远镜平台上后不能正常工作，那可是不小的打击。

丽江天文观测站离上海近3 000千米，为节省经费，团队决定坐高铁将激光器运到昆明，再包车上山。几个学生一路押运，"过关斩将"，把我们的宝贝运到了天文观测站所在的"高美古"——纳西族语言中"比天还高的地方"。一鼓作气，学生们当天就将激光器吊运上1.8米口径望远镜的平台。团队当天就感受到了高原反应，有的学生嘴唇都发紫了。不该上山当天就干重体力活，我赶紧让他们休息。后面几天，团队与天台的工作人员一起，择机将激光器安装到望远镜转台上。开机后，稍做调试，激光输出功率超过25瓦，与在上海的测试结果没有不同。我们悬在心头的石头落地。

后续是艰苦的试验过程。钠导星与钠层磁场测量的试验需要在深夜进行，所以基本上要昼夜颠倒地工作。另外，同一台望远镜同时还在进行多个项目的工作，我们是"临时插队"的，所以只好乘望远镜空闲的间隙进行试验。三四月的"高美古",昼夜温差大。白天太阳照耀下很温暖,但是一到夜晚特别是后半夜温度骤降,寒风凛冽。我们的激光器不能远程控制,开机过程也不够自动化,所以需要有人在平台上开机值守。值守人员在望远镜转台上,穿着军大衣,戴着棉帽子,没一会儿还是冷得发抖。

钠导星的试验比较顺利。相比之下,钠层磁场测量试验难度更大一些,因为它还需要进行数据采集、处理分析等方面的一些技术探索。三四月已是丽江天文观测站每年观测窗口的末期,晴朗天气越来越少,大气视宁度越来越差,再加上留给我们试验的时间有限,两轮次上山磁场测量试验均没取得结果。在11月下一个观测窗口,团队

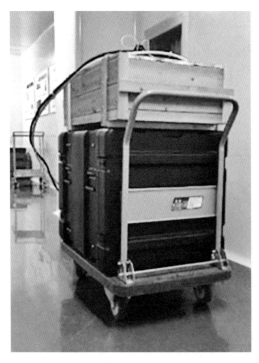

装箱待"坐"高铁的钠导星激光器

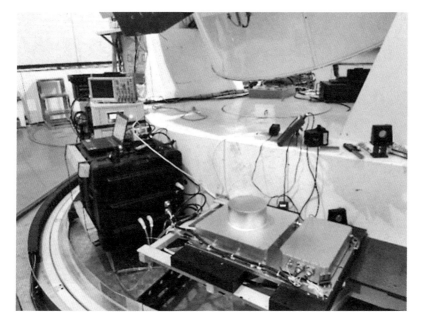

激光器安装至望远镜转台现场

再次上山试验，通过改进，终于取得了初步结果，验证了远程磁场测量的可行性。

"看，金箍棒！"

整个试验过程非常辛苦，但也是激动人心的。学生们大多是第一次参与外场试验，第一次见到这种大家伙的天文望远镜。满天的繁星，耀眼的激光，大家纷纷拿出手机拍照。爱好摄影的学生，在工作间隙拍下星空与激光束科幻般的照片与延时摄影。大家纷纷在工作微信群里分享照片与视频，让身处上海—丽江两地的团队成员同时感受这份喜悦。

站在望远镜平台上，顺着激光束仰头看，直径二十多厘米的黄

激光器工作时的照片

色光束直插星空。"看它像不像一根金箍棒?"学生们议论着。确实,
金黄色的光柱真像一根实体的柱子,似乎能攀着它一直往上爬,爬到
天上。望远镜转动时,激光束跟着转动,就像孙悟空挥动着金箍棒,
搅得星空也要转起来。

我们进行试验的这台望远镜同期还有墨子号量子科学实验卫星
的任务。墨子号过境时恰好是我们团队休息的时候,因此,我们见证
了墨子号星上和地面的信标光对接的场面。第一轮试验中间,正好赶
上了我的生日,学生们知道后,当晚在山上一人一桶方便面,他们一
起给我过了一个此生难忘的生日。

我们的钠导星激光器经受住了外场试验的考验。从4月我们离
开,至11月再次上山,激光器一直放置在望远镜平台上,我们竭尽
所能,为国内天文学研究贡献一份力量。另外,通过钠导星激光器技

团队在"高美古"丽江天文观测站

团队参与外场试验的学生包括：杨学宗、范婷威、董金岩、潘伟巍、钱佳萍。

术的研究，我们攻克与发展了一系列关键技术，包括高功率拉曼光纤激光器、高功率窄线宽光纤放大器、高功率非线性频率变换等。基于这些技术研发的高端激光器在量子技术、科学研究、国防、环境监测等领域得到广泛应用，产生了重要的社会效益。

我也非常感谢我的学生们，他们努力、乐观又富有活力，是他们让试验成为可能。我想，云南的外场试验会让他们终生难忘，最为重要的是他们在这个过程中得到了锻炼，掌握了技术，增加了人生体验，也坚定了从事科研工作的信念。"金箍棒"最终还是要靠年轻人耍起来的。

十年，三载

——高敏

作者简介

高　敏

　　1985年出生，2011年中国科学院博士毕业，主要从事空间激光通信捕获跟踪瞄准技术研究。现任航天激光工程部软件研发中心主任、高级工程师。作为软件主管/主任设计师先后参与嫦娥工程、中国科学院先导专项、北斗三号工程和空间站等多个型号任务的研制。荣获国防科技工业局"探月工程三期关键技术攻关和方案研制优秀个人"荣誉称号。

个人感悟

　　航天型号任务是一项责任重大、使命光荣、严谨细致、团结协作的工程研制工作，需要志存高远的心态、坚忍不拔的信念和脚踏实地的作风。

对从事航天型号任务研制的人来说，一年的时光往往并不是以公元历日来计，而是以参与的一项航天任务，或者负责的一个航天产品的研制周期来计。也就是说，从立项开始到发射并成功在轨运行，这中间的跨度才是航天人的"年"，而此间的自然年都是虚化的。这是由航天产品研制的重要性和紧迫性决定的，航天人在此期间必须高度集中精力，全神贯注。

以这个时间定义，对于我而言，这十年就是三载。

今生有约，与"跟瞄"结缘

或许是注定的缘分，我名字高敏的汉语拼音首字母GM与"跟瞄"的首字母一致。自从2007年9月进入上海光机所，我的研究课题方向确定为"运动平台光电跟踪瞄准技术研究"后，就跟"光电跟瞄技术"结下了不解之缘。

跟踪瞄准（简称"跟瞄"是激光通信的关键技术之一，我所在的课题组是所里最早开展空间激光通信技术研究的团队，早在2000年左右就在国内率先实现了155兆比特／秒（Mbps）无线激光通信系统的研制和外场测试。

文献调研期间，一个夏日的午后，资深科学家方祖捷研究员把我叫进他的办公室："高敏，听说你在调研激光通信相关文献，这里有份文档，是未来星间激光通信组网演示验证的科研规划建议书，你就在我这里把它看完。"我兴致勃勃地看完资料，这是一份关于星间（包括高轨星间、高低轨星间以及低轨星间）激光通信网络的宏伟设想。还记得，当时的我旋即被这一蓝图震撼，被深深吸引，却又觉得这会是很遥远的事情，因为该项工程浩大，难度系数极高。心中不免有些失落，但隐约有着一份期许。

未曾想，随着我们国家空间科学技术的飞速发展，在国家有关重大专项的支持下，这张宏伟蓝图正逐渐演变为现实，而我竟成为这张蓝图的参与者和见证者之一。

初识航天，小区保安激动地握手

国家探月工程三部曲，分别是"绕""落""回"，其中难度最大，也是最为关键的步骤就是第三步的"回"，即月壤采样返回。嫦娥五号预研项目研制的交会对接激光雷达，是实现月球上升器（携带月壤采样物）与轨道器进行月球轨道对接的"眼睛"，具备高精度角度和距离跟踪测量功能。我没想到，2011年7月博士一毕业就能如此幸运地参与到这么重要的国家空间战略项目中，既激动兴奋又倍感责任重大。

该项目难度大、时间紧，需在一年之内完成所有光、机、电、软的模块研制、系统集成和测试。不仅如此，当时项目组人员少，硬件、软件、开发、测试都要由一人承担起来。虽说初生牛犊不怕虎，加班熬夜不在话下，但是当嫦娥三期总师胡浩来检查项目进度的时候，我们还是被他发言的严肃性和紧迫性所感染，不由得感到"压力山大"。胡浩总师连续用了三个"等不起"来形容项目的重要程度，当他说到"国家等不起""人民等不起""党中央等不起"时，我内心瞬间升腾起一股难以言说的力量，那也是我第一次真真切切地感受到自己的工作竟与祖国的关系如此之密切，我们的工作肩负人民殷切的嘱托！至今，他的话语还经常会在我耳边回荡，牢牢扎根在我的心底。

在胡浩总师"三个等不起"的动力驱动下，集成测试阶段持续了两个多月。这段时间里，我每天都是凌晨2点以后才到家。一开始，小区保安不以为意，最后终于忍不住了，激动地跑过来握住我的双手，说："兄弟，我观察你很久了，你是做什么工作的？为什么每天这么晚到家？收入一定很高吧？"我一时紧张得不知道说什么，答了句，"国家等不起啊"。

后期为了充分验证产品的工作性能，我们先后在实验室楼顶、杭州千岛湖和云南天文台等地开展外场试验。而为了获得满意的测试条件，一般都是在夜深人静以后才开始工作。

一年的研制工作紧张而忙碌，我的黑眼圈几乎没有消过，整个人瘦了十斤，发丝中也冒出了星星点点的白发。令人欣慰的是，最后产品验收测试的各项性能均满足总体要求，我们的付出终于没有白费。

在云南天文台做外场测试（2013年1月12日）

千锤百炼，我所第一个在轨运行的软件

墨子号量子科学实验卫星高速相干激光通信机项目是我们团队研制的第一个星载激光通信机，我承担的是主控软硬件的设计。也是从那个时候开始，我们研制的航天产品逐渐从单一组部件向系统级转型。

软件是系统级产品不可或缺的内容和关键功能项。然而，项目组没有研制基础和经验，甚至连软件工程化的概念都是从那个时候才开始了解，对航天软件的质量意识也是从零起步……该项目是我作为软件主管承担的第一个激光通信项目，也是我所第一个软件产品研制项目，面前困难重重。

中科院上海技术物理研究所（简称"上海技物所"）作为载荷总体单位，对我们研制的软件产品的工程化过程进行管理和评审。为了通过一项软件文档的评审，通宵达旦地修改，之后来不及补觉就赶到上海技物所参加软件评审会已是"常规操作"。由于缺乏相关文档的撰写经验，我们经常会受到评审专家们的批评，甚至推翻重来。

而相比于软件文档的评审，软硬件的排故过程更是充满曲折，差点让我们的努力付诸东流。在产品热循环试验期间，出现了一次"DSP与FPGA之间HPI接口通信故障"问题。随后我们针对性开展问题定位试验，在连续做了一个多月的热循环和热真空环境试验后，发现问题的出现仍然非常低概率且没有规律。在问题分析会上，载荷总体的老总们认为我们的产品在轨不是长开机设备，而且出现故障的温度均不在产品验收级的温度范围内，就先作为关注项，继续开展后续

正样研制工作。

尽管如此，我们并不甘心。既然跟温度有相关性，干脆逐级扫描温度，间隔2℃，每个温度点停留2小时，进行开关机测试。功夫不负有心人，又经过一个多月的反复测试，我们找到了特定的温度点，最终抓到了"贼"，心里的石头落地了。随后，在经过严格的软件工程化研制流程，以及完整的自测试和多轮迭代的第三方测试后，我们千锤百炼的软件，最终在轨测试实现软件零故障！

该项目研制成功国内首台星载高速相干激光通信载荷，产品于2016年8月在酒泉发射场随"墨子号"量子科学实验卫星发射，成功实现了星地5.12吉比特/秒（Gbps）的高速相干激光通信，在国内首次验证了星地空间高速相干激光通信体制。

这里，必须要介绍一下我从事航天工作以来第一个打卡的发射场——酒泉发射场。它是新中国第一个发射基地，也是我国第一颗人造卫星——"东方红一号"发射地，地处甘肃和内蒙古交界的沙漠地带，离最近的嘉峪关机场有5小时的车程。

在前往酒泉发射场的路上，透过车窗看着无边无际的荒漠，我反复想象前辈们当年的艰苦条件，想象需要多么伟大的精神才能支撑下去。那一代科学家创造了"两弹一星"的奇迹，点燃了中国航天事业的火种，他们的精神与智慧激励着一代代航天人不断创造新的辉煌，从神舟飞船，到载人航天，再到嫦娥奔月火星探测等，科学家在不断创造新高度的同时，也刷新着中国航天发射的成功率，这些可能都与酒泉发射场凝练的那一句标语有关，"首次要有百次的信心，百次要有首次的标准"。

在上海技物所进行载荷集成测试（2015年12月21日）

攻坚克难，子欲养而亲不待

搭载在墨子号量子科学实验卫星上的高速相干激光通信机是单纯仅具备下行（星地500千米）通信发射功能的单机，而北斗三号工程M11/M12导航卫星上的激光终端，不仅具备双向（星间和星地）高速相干激光通信功能，还具备星间4万千米双向动态捕获跟踪功能，一般形象地称为"针尖对麦芒"，可以说总体难度提升了几个数量级。不仅如此，为了实现自主可控，其元器件均需国产化。我负责系统捕获跟瞄关键技术攻关以及基于国产龙芯处理器的主控软件研制。

由于没有接触过国产CPU，不熟悉操作系统，没做过星间数万千米的光束捕获跟踪，因此一切从零开始。我一头扎进实验室，开始了一年多的技术攻关。该项目是国家北斗组网工程的重要一环，所党委为了保障项目的顺利推进，在该项目组成立了"上光尖刀连"，我和多位骨干党员毅然宣誓加入。为了能够按期交付性能最优的北斗三号激光通信载荷，部门安排了双岗两班倒的制度，白天一班晚上一班，连续调试产品性能。为了让调班的同事能够晚上回家照顾哺乳期的孩子，我选择了晚班，开始了连续一个多月的"夜猫子"生涯，最终顺利完成了产品的全性能调试和出所验收测试。2018年8月，该项目交付的产品成功随星发射，并实现了国内首次的星间激光建链。

在项目集成测试最紧要的时候，我却收到了外公病危的消息。一开始，外公怕影响我的工作，并没有告诉我，父母回去探望的时候也都说状态挺好的，只是老毛病血压高，住院一段时间就能回家。

初中三年，我一直住在外公家，跟外公外婆的感情特别特别好。新中国成立后，外公是我们县第一任民政科负责人，知识渊博，重视后代教育，经常会给我讲历史和时政。退休后，他身体力行，坚持读书看报。可以说，外公是我人生的启蒙老师。得知他病重，我赶紧向领导请假，并做好临时工作安排。

走进病房，见到一年多没有见的外公瘦骨嶙峋，我的眼泪止不住地往下流。纵然连起身坐立都无法完成，他还是使出全身力气，问我的工作情况。当我向他介绍我们国家的北斗导航工程，以及我在做的星间激光通信技术时，外公的嘴角浮起浅浅的笑容，我能强烈地感觉到他内心有多么骄傲、多么开心。小时候，外公经常给我讲我们国家曾经的贫困和艰难，今天的美好生活是多么来之不易。外公在抗日战火中成长，我知道他们那一代人是多么渴望看到国家科技强盛的一天。艰难地说了几句话后，外公就无意识地闭眼昏睡了。

由于项目进度紧张，我必须当天赶回所里。临走时，我向外公说明情况，外公点头示意。可当我转身的一刹那，突然一个非常有力的手掌抓住我的手，我赶紧转回去，外公睁开双眼，郑重地对我说："好好工作，专心工作，不要担心我，快去吧。"一瞬间，我潸然泪下，这是我记忆中外公最有力的手。未曾想，这已是他人生最后的一小段时光。一周后，等我再接到电话，得到的已是外公去世的消息。我知道外公晚年最大的心愿就是来我们上海嘉定的家里玩一趟，如今子欲养而亲不待……

一年后，2019年8月底，正是北斗三号工程M21/M22激光终端集成测试最紧要的关头。在经历了一整夜的测试后，刚走出实验室，

西昌发射场测试项目组成员合影（2019年11月25日）

我就听到持续响动的电话铃声，看到是我妈妈打来的，我突然意识到，外婆也不在了。虽然之前已经有了心理准备，但是没想到竟然来得这么快。我简要地交代完工作后赶紧开车回老家，可是由于卫星发射在即，我必须尽快回到岗位，当天晚上又匆匆忙忙赶回所里。按照老家的习惯，亲近的亲人去世是要"送上山"的，我做不到了，但我相信外婆是理解我的……

系统转型，陪产房里写出的研制总结

中国科学院先导专项星间激光通信机是我作为项目负责人的第一个项目，从单纯的软件开发转型到系统设计，要补的课有很多，链路计算、结构设计、集成工艺、物资保障、进度协调和人员协作等，一切从零开始，边学边干。

在项目集成过程中，遇到的工艺问题让我对集成制造和电装工艺有了全新的认识。在进行产品集成过程中的强检点测试时，电机有时能转动，有时不能转动，没有规律可言。由于这时候已经完成大部分的电装工作，如果拆线返工，会带来很大的工作量，而且还有损坏的风险。加上没有定位问题，无法说服电装人员全部拆掉来排查。大家束手无策，纷纷询问我该怎么办，并七嘴八舌地说着自己的想法和推断。我的内心也十分困惑，一筹莫展。

当我一想到自己是项目负责人，就告诉自己一定要冷静下来。追根溯源，运用我们航天工程的法宝——遇到问题先画故障树，逐项排查排除。我们邀请专家讨论，并进行了故障模拟和复现等一系列工作，最终找到了工艺上的一个缺陷问题。之后对其进行改进，终于解

在太原发射场测试厂房进行调试（2021年4月2日）

决了问题。就在项目研制快要总结的时候，我的爱人进了产房。总结评审即将开始，我只好带着电脑一起进了产房。

当产科医生了解到我是来自中科院研究所的时候，她开玩笑说"对中国本土诺贝尔物理学奖充满了信心"。虽然没有跟她仔细聊我的具体工作内容，但也算展示了我们科研国家队人员的工作精神面貌。我知道我的身边有很多从事物理研究的同学和同事，他们都非常努力、无私奉献、锐意进取。我相信，我们国家本土的诺贝尔物理学奖一定不会太遥远。

快乐航天，我们的追求

快乐航天是我们的追求。在工作之余，我们项目组也会抽时间相聚，大吃一顿或者一起到运动场挥洒汗水。航天型号研制工作虽然时

项目组成员聚餐（2020年11月8日）

间紧迫、责任重大，但是带来的荣誉感也很持久。工作十年，全国四大发射场，我已经打卡了三个。目前，另外一个航天型号项目正在加紧研制，我国最南端的海南文昌发射场将是我的下一站。

用光纤编织「激光」梦

——

何兵

作者简介

何 兵

　　1975年出生，2007年上海光机所博士毕业，主要从事高功率光纤激光、光电子器件、高亮度激光合成技术方面的研究工作。现任上海光机所研究员、高功率光纤激光技术实验室副主任，上海市优秀技术带头人，科技部、上海市科委专家。2014年获上海市科技进步二等奖。

个人感悟

　　人所缺乏的不是才干而是志向，不是成功的能力而是勤劳的意志。

"不能就这样继续下去，这不是我想从事的工作，不是想追求的梦想！"这个念头在我脑海里反复出现。本科毕业后，我到一家单位从事工程师的工作。三年后，兴趣减少，我毅然决定辞职。

　　人应该从事自己喜欢的职业，应该追逐自己的梦想，否则就跟周星驰说的咸鱼一样了。四年的本科学习，我在哈尔滨工业大学应用物理系度过。该专业除了学习系统性的物理基础知识外，主要研究的是光学。光在我心中埋下种子。我想提升自己，继续深造。辞职后，我考取了哈尔滨工业大学理学院光学专业，攻读理学硕士，傅里叶光学、信息光学、非线性光学、量子光学、激光物理……我抓住难得的机会尽可能多学习。

　　临近毕业，我赶紧开始寻找适合我的地方，询问、上网查询、咨询学长，一个单位——上海光机所进入我的视线。进一步了解该所各个实验室的研究方向，基本都与激光、光传输等相关，正好与我的梦想高度契合。于是，下定决心报考上海光机所，希望这里能够成为我梦想起航的码头。

结缘光纤激光

　　光纤激光是国际上的研究热点。能够从事光纤激光相关的研究，我觉得自己很幸运。

　　经过半年的考研备战，2004年3月，我和女朋友一同来到上海光机所参加考试。很幸运，我们双双通过。想到能够一同到上海光机所奋斗，心情紧张而雀跃。

　　当时，我们是在考试前选择报考导师的。我咨询师兄，他详细地帮我们分析各位老师的研究方向。慎重考虑后，我选择了楼祺洪老师。楼老师研究的方向有气体激光器、光纤激光器、固体激光器……我第一次知道了光纤激光器，其他的激光器在教材《激光物理》里都有过介绍，心中对它充满了好奇，它还与光纤相关。当时，我认为光纤与通信密切关联，以后或许找工作能够面更加宽一点。现在回想，带着这样的想法去报考，真的幼稚和粗浅。

接到上海光机所的面试通知，楼老师将直接面试我。当时面试的地点是上海光机所东区，上海市嘉定区塔城路和博乐路交叉路口旁的办公楼。我们从师兄处得知，这栋楼有些年头，修建于20世纪60年代。楼层不高，显得有点旧，我们怀着崇敬、激动和忐忑的心情走了进去。楼老师的办公室在二楼，在外面碰到几个同学，得知他们都是来面试的，我一下子紧张了。楼老师的招生名额是有限的，只有两名，现在有四人面试，50%的录取率，只能祈祷了。想象中，学术高深的老师都是表情严肃，眼神认真严厉，戴着度数很高的近视眼镜。我是第二个进去的，进入办公室，发现书柜里一摞摞的书籍杂志，崇敬之情油然而生。楼老师却是一位很慈祥的学者，而且没戴眼镜，我紧张的心情放松不少。

"你本科、硕士哪个学校的？"至今我脑海中还深刻记得楼老师面试的第一个问题。

"哈尔滨工业大学。"我赶紧回答，有点不敢直视老师。

"哈工大，很好呀，学过激光方面的课程吗？以及学过哪些相关的课程？"楼老师和蔼、微笑着继续问道。

"学过激光物理，还学过非线性光学和傅里叶光学等……"我把硕士期间与光学相关的课程名称介绍了一遍。

就像跟我唠家常一样，楼老师问了我四五个问题，我如实回答，很快面试就这样平和地结束了。面试让我感受到楼老师知识渊博，对国家整个激光研究领域都有广泛的了解，我更加期望能够攻读他的博士，得到他的指导。不久，我接到了研究生部的录取通知，心里万分高兴，我的梦想真的即将启航。

说实在的，从楼老师简介的寥寥数语中，我并不清楚将从事哪个方向的研究。2004年9月，我到上海光机所报到学习。这时，楼老师的团队和实验室由东区搬迁到了嘉定区清河路390号西区的2号楼。到课题组的第二天，楼老师就召集课题组的所有人开会，隆重介绍了我和另一位新生陈慧挺，并挨个将已有的课题组介绍了一遍，连续光纤激光器、窄线宽光纤激光器、脉冲光纤激光器、随机激光器、光纤激光泵浦技术、气体拉曼激光器、陶瓷激光器、光纤激光热技术、光纤通信技术……这么多新激光技术方向一下呈现在我面前，大大超出《激光物理》上介绍的激光器范围，我感到非常新奇，应接不暇，再次体会到楼老师的学术高度和渊博知识。同时，我有点懵了，哪个方向适合我呢？

楼老师似乎明白我们的困惑，没有叫我们新同学立刻作出决定，而是推荐了一些文献，让我们回去先熟悉一下。我们拿着老师给的文献，先看看再说。半个月后，楼老师通知我和陈慧挺到他办公室。

"课题组针对未来技术发展，拟定了两个研究方向：气体拉曼激光器和高功率光纤激光及合成。"楼老师开始给我介绍方向。我意识到，这就是在做今后博士具体研究方向的决定了，困扰我很久的抉择难题，现在必须要定下来。当初辞职的决定，考博的决定，再次浮现脑海。

"你们两位同学根据近段时间的了解，各自选一个方向吧。"果然，楼老师把选择权交给我们。我思绪万千，没有立即回答，脑海中赶紧把近段时间看的文献梳理一遍，并对选择作快速考量。

"气体拉曼激光器是我长期从事的方向，具有比较好的基础。高功率光纤激光及合成比较新，相对来说难度较大一点，未知的自然更多。"楼老师看到我们两人都还在思考，进一步对两个方向进行了简单而准确的评述。

光纤激光在20年前是一个全新的技术方向，楼老师在国内率先开展高功率光纤激光技术研究。目前而言，未知因素依然很多，将怎么发展？正是存在许多不确定性，我的好奇心被激起，我就是要追求一些新的"光"的梦想。光纤激光很好地契合我的理想，我暗暗下定决心。

"楼老师，我想选择气体拉曼激光方向。"经过短暂的思考后，陈慧挺说出了他的想法。

"楼老师，我对光纤激光比较感兴趣，我就选择光纤激光合成技术吧。"我也给出了我的回答。

没有出现大家都选一个方向的尴尬。"很好，那就这样确定。"楼老师对我们的回答似乎很满意。

"光纤激光难度大些，尤其是合成，现在几乎没人做，你要有思想准备，多下点功夫。"楼老师特地叮嘱我。其实，我并没有过多纠结课题的难度大小，因为当时对此几乎没有什么概念。就这样，我与光纤激光结下了不解之缘，开始用光纤编织我的"激光"梦想。

引导和鼓励是科研动力之源

"对！这就是相干合成的条纹！"

"很好，太好了！"

"你很好地推进了课题组的技术，为我们项目作出了重要的贡献。"

那是在2005年底，一天早上，楼老师握着我的手，高兴地对我进行了肯定和鼓励。那一刻，我觉得我的选择没错。繁重的计算和实验工作中充满着酸甜苦辣，我真正体会到付出带来的喜悦，更加坚定以后继续从事光纤激光研究的信心，因为我有了助我前行的足够动力。

回想起来，在我们选择了课题方向后，楼老师就进一步分别给我们新生更为专业的一些文献，并提出了要求，我们需要在一到两个月内翻译出一篇比较有深度的科研论文。起初，文献中大量的专业术语，让我有点无所适从。还好我的性子较慢，不急躁，遇到不明白的单词逐个查询。就这样，第一遍先将英文翻成中文，然后连词成句。由于对原理不甚明白，我就再看一遍，如此反复，好几遍之后，总算大致明白了文献中的意思。两个月后，终于完成了楼老师布置的作业。

我非常感谢楼老师这样循序渐进，引导我进入光纤激光合成的研究方向，我在不知不觉中掌握了高深难懂的知识。这种循序渐进让学生翻译文献的办法，在我后来当老师指导学生的过程中传承了下来。

科研的氛围对研究生的发展十分重要。课题组就像一个大家庭，学习环境轻松愉快，非常有利于我的成长。虽然我的方向与师兄师姐们有所区别，但我们都要学习光纤激光的基本原理。从书本和文献上，我逐渐了解文字所描述的光纤激光器的各个部件，什么是光纤，什么是光纤的纤芯、内包层、外包层，什么是光纤激光器的涂覆层、泵浦源、耦合系统、准直系统……而在与师兄师姐做的一次次实验中，我不断加深对它们的认知。这样，从知道到熟悉，再到认识提升，螺旋式发展。

时光匆匆，读博的第一年过去了。进入第二年，我开始有点心浮气躁。尽管能参考的方案和技术都了解了，但心里依旧没底。

"楼老师，我看了一些文献，类似合成技术，现在主要有外差锁相合成和自成像腔锁相合成两种，光纤激光选哪一种方案比较适合？"我叩开了楼老师办公室，比较唐突地开始请教。

"很好呀，有考虑，的确现在这方面的报道不多，这两个方案都需要具备哪些条件呢？"楼老师在与我讨论时也是鼓励并引导我分析具体情况。

"除了必要的光纤激光，外差锁相还需要锁相反馈回路；自成像腔还需要构建精确反馈腔和金线滤波器。"我把文献上看到的如实告诉楼老师。

"滤波器方案更为合适一些，其中的滤波器是关键，要理论仿真金线滤波器的效果，还要找出这样的金线。"楼老师略微思考一会，给了我答案。然后，他进一步指出："从我们的实验条件和环境上看，可行性还是较高的。首先，课题组基础在光学设计、腔结构等方面有优势。其次，条件充分。本实验室构建自成像腔，在你师兄的实验中，有通用的透镜、反射镜、光纤。再者，实验有你师兄师姐的相互协助。最后，需要解决的问题少，只需找到滤波用金线。"

楼老师的睿智分析，让我豁然开朗。大问题变成小问题，专注找到滤波用金线是关键。

相干合成的关键在于实现相干条纹。实验阶段很不顺利，我都记不得做了多少次，从一路激光到实现两路激光相干。匆匆半年过去了，博士三年已过半，光纤激光的相干合成是否能实现？对应的实验现象是什么？我心中一点谱都没有。看到师兄师姐们纷纷发表了学术论文，硕果累累，我开始心慌意乱。没办法，我只能咬牙继续做实验。楼老师每次来看我做实验，不批评我，反而鼓励我坚持做下去。到了第二年年底，一次实验中，我偶然观测到一些条纹，潜意识里，立刻感觉这个现象类似文献中描述的相干合成的结果。经过连续好几天的观测，我决定请楼老师来判断。这就出现了前面楼老师对我的肯定和表扬。

"相干实现了，这仅仅刚入门，你现在需要继续思考，看文献，再做实验，相干到什么程度较好，怎么判断。"一番鼓励表扬后，楼老师又给我提出新问题以及需要探索的方向。我领会了科研的真谛：穷其究竟，不断深入挖掘。

就这样，在引导和鼓励下，我继续探索，渐渐发现科研路上的美好，真正体会到科研的乐趣。我开始乐于主动做实验。功夫不负有心人，我获得多个成果，如国内首次2路光纤激光相干合成，首次大芯光纤的2路相干合成功率突破百瓦量级，国际首次4路光纤激光自成像腔相干合成，国内首次环形腔相干合成。

美丽的光纤激光

最坏的打算才是成功的保证

博士毕业前夕，我收到楼老师和周军的工作邀请：希望我从临时的一员变成长久、共同发展的伙伴。我欣然同意了留所工作，因为这是我的向往。

刚工作前两年，我申请到国家自然科学基金以及地方基金项目，并参与课题组的科技部项目、863项目、上海市科委项目、973项目等，通过这些项目的锤炼，我的科研综合能力有一定提升。

2011年，我作为技术骨干，参与了陈卫标副所长领衔的课题：空间千瓦级全光纤激光器。项目启动会后，他把我叫到他的办公室。

"何兵，现在启动的千瓦全光纤项目是非常重要的项目，这是高功率光纤激光器能否在空间工作的探索工程，意义重大。"听到这句话，我心头一震，一直以来，参与项目的设计和申请，我都是仅考虑做实验、做方案，从来没有从背景意义认识项目。这番话让我从另一个角度看待此项任务，结合国内科研情况，顿觉确实如此，赶紧点头。

"你来具体负责实施、推进这个项目，怎么样？"陈所长继续说。

"好的，我尽量努力做，但我没什么经验。"我有点不敢保证，项目意义重要，觉得压力倍增，不太敢一口应承下来。

见我有顾虑，陈所长向我作解释："做工程跟前沿基础探索不一样，不同的思维，不同的两个维度。"他顿了一下，又继续说："基础探索，要乐观思维，有可能，就要去想原理想办法，把实验现象观测到。工程项目，要悲观思维，这不是做事情悲观，而是设计实施过程中，作最坏情况考虑，任何可能导致研制失败的因素都要排除掉，才能最终获得成功。"

听后，我深受启发。以前的确无此概念，读博士、完成自然基金项目就是做验证性实验、发论文，缺乏做工程项目的思维。

"做成一个小东西不容易的，尤其做工程项目，都应该瞄准工程要求来做。做科研不是发几篇论文，要真正做出东西来。它是国家的大装置、大系统中一个小部件，但能发挥作用，这就是有意义，就是真正地为国家作出实际贡献。"紧接着，陈所长又语重心长地说了几句。

听到这些，我频频点头，其实我对做工程的难度没有切身体会，只是觉得这番话不是虚无缥缈的空喊爱国主义，而是科研人员实实在在的爱国心声。

项目正式启动后，我逐渐开始体会到陈所长所说的"最坏的打算"的重要性。这个课题难度大，主要有如下任务：在仿真空间环境下，实现满足激光器正常工作的条件；完成我们团队首台大功率全光纤化激光器涉及的多项全光纤器件性能创新；实现当时最高的功率指标；解决空间环境下激光器的热处理等难题。对经验匮乏的我来说，最大的难题就是资源极端约束的空间环境下光-机-电-热-软全集成化的工程样机研制，这不是简单的桌面演示实验。倘若一个细节没有注意，没有提前作最坏打算，几天甚至更长时间的努力都会付之东流。

在样机的放大器水冷板设计中，我们与机械工程师经过近一个月的反复讨论，终于定稿。然后，出图加工又是一个月，看到加工出来的水冷板，觉得真是不容易。项目的时间紧，我们抓紧用水冷板在装机前通水，盘上光纤，连上种子源和泵源。连续熬夜几天，测试数据达到了指标要求。随后，我们喜滋滋地把水冷板取下，集成到机柜中。然而，集成后，改为同样的光电水连接，性能竟然下降，不达标，而且制冷不起效，光纤放大器则被烧了。

拆开机柜检查，一开始，我找不到原因。再次把水冷板拆下来，擦净烧坏的地方，轻轻触摸中突然发现，水冷板平面有异样，再仔细一看，发现水冷板鼓了起来。原来是整机集成时的水压比在外面做实验时的大，水冷板被撑鼓起来，从而失去冷却效果。微小的水压差会导致功亏一篑，这谁能想到？我一阵苦笑。

这么一段时间的汗水白流了，我沮丧透顶。猛然之间，陈所长说的要做最坏打算的话语在耳边响起。这真是经验之谈，每个科研工程人都应该有心理准备。

最终，通过两年的努力，我们完成了中国科学院的这个重大课题，实现了模拟星载千瓦级光纤激光器样机。在项目验收会上，中国科学院院士、验收组长相里斌充分肯定该项目成果，表示在同批立项的项目中，该项目的研究内容和指标都达到立项预期，并取得了超出预期的结果。随后，我们的样机还参加了"十二五"国家863科技成

我们团队和样机

果展。项目的成功固然开心，但回顾这一路走来，正是领导的信任和支持，使我在工程项目中得到成长。

爱，相互支持

简单介绍一下，郑颖辉，现上海光机所强场激光物理国家重点实验室博士生导师，我的爱人。是光学，是上海光机所，让我们相识—相知—结婚—共同奋斗，相互支持相互成就彼此。

我们在读硕士期间认识，学习的办公室相邻。由于是一个班，在班会和一些活动中相互了解。我俩都是光学专业，有共同的话题，逐渐就走到一起。

我们都是南方人，虽然在哈尔滨读书学习很开心，但是未来在什么地方工作，我们有着默契，要回南方，仿佛那边有一丝吸引力。或许这不仅算我俩的缘分，也算我们与上海光机所的缘分。我们共同选择报考上海光机所，并得到幸运女神的眷顾，2004年，我们都被上海光机所录取。我的导师是楼祺洪老师，而她的导师是中国科学院院士李儒新。

攻读博士期间，当我在做实验撰写学术论文时，爱人比我更辛苦。她的实验是一个联合实验，需要到位于长宁区的华东师范大学去做，上海光机所在嘉定区，两地相距近30千米。刚开始有几个月，她每天一早出发，晚上11点左右才回到嘉定。后来，实验进度紧张，她连续几个月都一直借宿在华东师范大学附近，为的是尽快实验，采集到数据。功夫不负有心人，她最终获得相关科研成果，顺利毕业。

在工作方面，爱人与我有相同的体会，我俩相互影响和相互支持。2005年，我们结婚，经过慎重考虑，我们决定一起留所工作。追光逐梦，这是我们共同的爱好，共同的事业。工作到现在，我们一直相扶相持。但支持并不是对对方说的话都举双手赞成。恰恰相反，因为研究方向有交叉，我们经常就一个问题观点不同，争得面红耳赤。但这都有助于我们工作的改进。

2010年底，我们的女儿出生，时间立马显得不够用了。是爱人主动让家里人帮忙照顾小孩，并承担了大量家务活，让我有更多的精力投入到工作中。这份付出对我而言，弥足珍贵。小孩慢慢长大，爱人是工作和家庭两边兼顾，非常不易。

"巧巧，今天晚上就在单位晚托班多玩一会。"我跟女儿打电话。

"哦，知道了！爸爸，我的作业已经做完了，就知道你有事，记得早点来接我。"女儿脆生生地回答。每当听到这话，便有一股暖流流过我的心田。

上海光机所充满温情，特地为家里没法照顾小孩的职工，办了一个职工子女晚托班，帮助照看小孩从放学一直到晚上8点。这让我们这样的双职工家庭减负不少。在所里办晚托班之前，我们通常找阿姨或是晚托机构帮忙照顾女儿。所以，我一旦给她打电话，她就知道我不是开会就是加班，要不然就是出差。我心里常有歉意，没有很好地尽到父亲的责任。

正因为有了爱人和女儿最强大的支持，2012年，我们夫妻共同入选上海科技启明星；2017年，我获得"技术带头人"称号；2018年，我们获得"上海市文明家庭"称号；2019年获得"中国科学院五好家庭"称号。

用光纤编织"激光"梦，爱人和女儿一起帮我编织出绚丽的色彩。

一家参加上海光机所55周年所庆

上天测海

——

贺 岩

作者简介

贺 岩

　　1977年出生，中国科学院大学光学工程博士毕业，主要从事激光雷达海洋探测、新型激光测距和激光三维成像技术研究、系统设计和应用工作。现任中国科学院空间激光信息传输与探测技术重点实验室研究员、支部书记。获上海市技术发明一等奖。

个人感悟

　　天空和大海承载的是我的科研梦想，上天测海是我一以贯之的追求。不甘平庸，永远好奇、不畏艰难、敢打敢拼是取得突破与成功的法宝。未来，我们将继续前行，携手更多的新伙伴，闯出更广的新天地！

我进入上海光机所将近20年，先后参与了两代机载测深激光雷达的研制工作。两代仪器的研究经历使我明白，样机研发和外场试验是机载测深激光雷达的两翼，比翼双飞才能使这项技术真正翱翔苍穹，理论和实践结合才能彰显科学的真谛。假如有人问我一项科研工作如何取得成功？不甘平庸、永远好奇、不畏艰难、敢打敢拼，是我能给出的答案，也是我对过去工作的总结，更是我从事科研的初心与使命。

智者无畏：研制第二代机载测深激光雷达

"在科学上没有平坦道路可走，只有在崎岖小路的攀登上，不畏劳苦的人，才有希望达到光辉的顶点。"

机载测深激光雷达是从飞机上对浅海水深进行测量的仪器，可以极大提升海陆交界区域的地形测绘效率，在海岸带测绘、环境生态保护、海洋工程建设、海洋权益维护以及军事等诸多方面都发挥着重要作用。陈卫标所长是上海光机所机载测深激光雷达技术的领航人。

在中国海洋大学读硕士时，我接触到了激光雷达技术。我的研究方向与陈卫标老师从事的海洋激光遥感技术研究相同，我们曾经有过多次技术交流。求学期间，激光雷达的种子在我的心中不断萌芽，等待着一个契机破土而出，茁壮成长。

2003年硕士毕业后，我抓住了这个契机。

当时，上海光机所的机载测深激光雷达团队已经研制出国内第一台机载测深激光雷达。在陈老师的带领下，团队正在扩招研发人员，着手研制第二代机载测深激光雷达。因为研究方向一致，我申请加入研发团队，我的机载测深激光雷达研究之路就此开启。

这条道路的开端充满了曲折与坎坷，好在天道酬勤。第二代机载测深激光雷达采用了更先进的激光发射和接收技术，同时期在国际上具有代表性的是加拿大Optech公司的SHOALS1000系统，我们的设计指标与其在性能上相差无几。加入团队后，我被安排接手系统控制软件设计和波形处理工作。这是我第一次接触板卡的驱动程序，许多知识都需要从零学起。由于之前从事控制软件开发的硕士研究生已经毕业，离开了上海光机所，我成为当时单位里从事这项工作的唯一职工。没有相关培训和前人指导，我只能从项目留下的文档和代码学起。一方面大量阅读相关书籍，尽快提升自己的能力，遇到不清楚的问题，就赶快与之前负责编程的研究生电话沟通；另一方面从实际编程入手，追赶项目研究进度，在与硬件联调的过程中，逐项排查程序上的bug（漏洞）。

我想，再难、再长的路，只要一步步走，总能走完。为了完成任务，最初的3个月里，我每天学习和工作都超过12小时。功夫不负有心人，总算在系统进行外场试验之前，我完成了控制软件的设计和全部测试。然而，在去外场试验前，又发现软件存在内存泄漏问题，为了查找原因，我与团队的几位同事忙碌了一个通宵，最终定位并解决了问题，保证了外场试验按时进行。初期"亲密接触"真是应了那句话：前行的路上，只有探索了才知道脚下的石头是绊脚石还是垫脚石。

2004年初，机载测深激光雷达开展外场试验，地点在海南三亚，直-8作为试验直升机。试验的机场在三亚湾附近，三亚湾远离三亚市区，当时生活条件比较落后，没有宾馆，我们只能住在部队招待所，5人一间，非常简陋。因为是南方，晚上蟑螂和蚂蚁满地爬，蚊子也格外多，让我这个北方人吃了不少苦头。好在当时部队首长非常支持我们的工作，专门安排后勤人员保障伙食，给我们单独开小灶，每一餐都有海鲜，价格还不高。

三亚的实验并没有预计的那么顺利，因为空域管制，飞行试验一再推迟。等待的时候无事可做，我们就乘公交车去三亚市区逛一逛，一路上看到沿海很多烂尾别墅，农民工就在别墅里面休息。有一天，我们好奇就去问了一下，农民工说他们老板破产了，别墅10万元一套，给钱就卖。2004年的10万元不是一个小数目，当时我每个月的工资大概3 000元，上海嘉定的房价大概每平方米3 000元。我们几个老师商量了一下，最终没有买。现在回想起这个事情，还总是开玩笑说，大家都错过了成为千万富翁的机会。

经过近两周的等待，终于等来了飞行的机会，我作为控制软件的设计师，承担飞行过程中的设备操作任务。当时，飞机上有三个人，一个负责总体，一个负责激光器，我负责操作设备。这是我第一次参加海上飞行试验，不知道海底回波信号是什么样，应该设置怎样的参数等，心情还是有些紧张的。飞行试验区域就在三亚湾，覆盖现在的东瑁洲。飞机起飞后，从三亚湾岸边一直向南飞行，当我看到屏幕上的海底回波与海面回波逐渐分离，确认仪器工作状态正常，紧张的心情才得到些许放松。

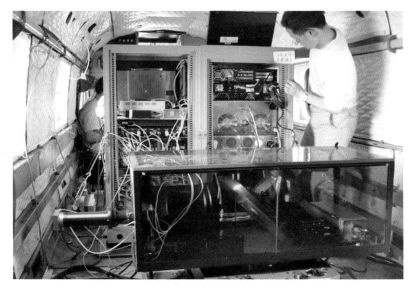

第二代机载测深激光雷达的飞行试验

飞机飞过东瑁洲后，海底回波依然存在，并且非常稳定。根据之前了解的海图，此处的水深已经达到50米，如果能够看到海底回波，证明我们的仪器能够测量到50米的水深，这也是此台仪器的设计指标。正当我们以为试验成功的时候，很快就发现不对劲了：海底回波信号始终在同一个位置出现，而此时，飞机已经飞到水深超过60米的区域，并且从波形图上看，海底回波的位置对应水深只有30米。发现这个问题后，我首先猜测，也许是飞机飞行航线错误，或者波形抽样显示程序出错了。后面几个航线继续飞行，这个现象重复出现，出现的区域也一致，这就完全排除程序和航线的问题。难道仪器的设计存在缺陷？我心想，这对设计团队而言，可是致命的打击。

试验结束后回到上海，我们立刻开始了波形处理。通过波形回放，确定该信号连续存在，其形状与之前的浅水海底回波相比稍有差异，但是与海水回波区别明显。针对这个问题，团队排查了所有设计参数，确认仪器设计无误。组内进行了多次讨论，猜测是海蜇群、海草床在作怪，但最后也没有一个明确的结论，只好把这个信号作为假信号剔除。因为当时没有海洋剖面光学观测仪器，无法对问题海域进行准确观测，这个疑问始终没有获得解答。

后来，知识的拓展和技术的进步为我们揭开了真相。2017年，当我们研发的第三代机载测深激光雷达在三亚湾海域重新试飞时，同样发现海底回波信号在同一个位置出现。通过船载光学参数剖面测量仪的海上同步观测，发现信号出现海域存在海水光学参数剖面的跃变。我们联系到国家海洋局第二海洋研究所（简称"海洋二所"）的专家，专家经过分析给出了解释：该跃变代表了海洋中的浮游植物散射层，即海洋中的浮游植物受光照和营养盐影响而聚集在某一个深度层，该深度随季节和海域变化，是一种海洋生物学现象，同时也反映了海洋动力学参数。专家表示，这对于海洋生态监测、渔业、军事和科学研究都具有极高的价值。假信号的真相终于被揭晓，然而，当年的我们错过了发现激光雷达在海洋新应用的机会。

现在回想起来，当年未能解决问题，一方面是因为缺乏海洋学知识，另一方面是因为缺少同步观测手段。从这件事情上，我们也获得了一些宝贵经验：科学研究要有打破砂锅追到底的精神；拓展自己的知识领域有助于产出新的研究成果；试验过程的良好策划和同步观测能够为良好的试验成果提供有力支撑。

2010年，为试验新技术，我们课题组第一次承担海上试验任务。为了能够在试验过程中始终保持对水下设备的监控，我们制订了一套严谨的水下设备布放方案：第一步，把连接光电复合缆的设备放到水下；第二步，通过小艇把光电复合缆拉到岸边；第三步，与岸上的光电复合缆对接。三个步骤完成后，就可以在岸上直接控制水下的设备。

因为我们缺少海上设备布放经验，所以从海洋一所请来了海试设备布放专家，协助我们完成第一步。海洋一所的专家为我们更加精细化地制定了第一步的方案，包括船只选择、吊架设计、布放步骤和人员安排。因为课题经费限制，我们租用了一艘排水量50吨的渔船，按照专家建议在船尾安装了手动吊架，在岸边演练了多次布放方案，最终明确了人员的站位和操作。

万事俱备，我们出海了。

因为船舶停靠的码头距离设备布放海域较远，为了在平潮期布放（设备布放时受潮汐影响小），船于早上6点就出发了，计划3小时到达布放海域。除了海洋一所两位专家，我们课题组去了八个人。当天风浪较大，接近5级海况，六人严重晕船，趴在甲板上呕吐不止，只有两个人还能正常工作。因为人手不足，设备未能布放成功。第二次出海，为了保证队伍的完整性，招聘了四名渔民替换我们课题组的四个人，替换名单就按照上一次出海时晕船呕吐的顺序，我当时刚好是第四个，所以就没有跟随出海。当时，出海的队伍里有一个学生，他在我后面呕吐的，只能继续出海。真是"天将降大任于斯人也，必先苦其心志，劳其筋骨，使其呕吐……"

第二次出海，比较顺利地完成了第一步设备布放。我和另外一名老师乘坐小艇，执行第二步：把连接光电复合缆的绳子拉到岸边。等到近岸才发现，岸边的浪很大，小艇只能到达离岸200米的地方，无

带着缆绳游上岸

法靠岸。我曾经在青岛上学，经常去海滨浴场游泳，1 000米往返游不在话下。当时，我也没多想，立马就穿上救生衣，套上游泳圈，拉着绳子向岸边游。刚开始，没觉得有多危险，等到了岸边才发现，涌浪高度足足有2米。深处翻腾的巨浪中，我只能硬着头皮，憋一口气，顺着浪冲上海滩。同事笑我艺高人胆大，成功游上了岸。其实，只有我自己知道，我是被海浪卷起来"抛"上岸的。

当时，在同一场地进行试验的中国科学院声学研究所团队听说了我们的"野蛮"操作后，只说了一句话："你们真是无知者无畏"，原来他们是采用抛绳器把绳子抛上岸的。现在回想起来，我们当时确实缺少对海试的了解，安全意识也不强，大家都是凭着一腔热情做事，幸好没出安全事故。

好景不长，设备布放成功没几天，光电复合缆就被渔船刮破，另一名同事也"光荣"替补下海。后来，为了避免再发生此类事件，我们就雇了一艘渔船在设备附近值班。因为试验区域地处偏僻，操作只能在岸边进行，再加上担心岸上的光电复合缆被人破坏，岸上操作人员在试验开始前2小时，才对接好了海上的光电复合缆与岸上的光电复合缆。在沙滩上铺设和回收光电复合缆，也成了每天试验的必修课。整盘光电复合缆重500千克，在沙滩上拖动非常困难，试验队沿着沙滩排成一条线，接力把光电复合缆送到海边。在高温烈日下，每个参与布缆和回收的同志都晒脱了一层皮。至今，我们仍对那段经历念念不忘。

随后几年间，我们又连续开展了多次海上试验。随着海试经验的丰富，我们的设备布放越来越简化，试验人员也不用像我们以前那么辛苦。但是，我还是很怀念第一次海试，怀念当年大家敢打敢拼的劲头。这股劲头也使得我们团队克服重重困难，在一个不熟悉的领域埋头苦干，取得了今天的成绩，从原来的"无知者无畏"蜕变成今天的"智者永无畏"。

鹏徙南冥：研发第三代机载测深激光雷达

在等待的日子里，耐得住寂寞；在试验的过程中，耐得住考验；在成功的时刻，享受收获的喜悦。

我国对海岸带保护和利用日益重视，2013年，在科学仪器专项的支持下，我们开始了第三代机载测深激光雷达的研发工作。从2004年第二代机载测深激光雷达完成飞行试验算起，已经过去了近十年时间，由于研究方向和部门人员调整，很多课题组成员已经转到其他的研究方向和课题组。因而，在项目启动初期，人员严重缺乏，研发队伍一开始由其他课题组成员兼职组成。考虑到我当时的研究方向仍然是海洋激光遥感，领导还是让我负责设备的研发。作为设备研发负责人，我不仅要考虑性能指标和技术可行性，还要考虑团队对任务的可执行性。因此，做事情难免束手束脚，虽然花费了很大的精力，但样机设计方案偏保守，完成的样机与第二代机载测深激光雷达系统相似，体积重量很大，只能达到国外5～10年前产品的水平，结果很不理想。

我意识到，不能再这样做下去了。孙武说过，"上下同欲者胜"，为了真正实现产品化，并且缩小与国外同期产品的巨大差距，需要组建专门的团队，全身心投入产品开发中。

2016年夏天，在单位领导和项目牵头公司的全力支持下，我们开始招聘研发人员，年底组建了8人的开发团队。第三代产品指标瞄准国外同期产品水平，从设计之初就以方便用户使用和飞行平台安装为导向，产品技术框架上作了大幅度改进和优化。通过优化设计、工艺和反复试验，突破了高功率紧凑激光器、高速数字化采集和嵌入式实时处理等多项关键技术，在测点密度提升5倍的同时，尺寸和重量缩小了2/3。此外，联合工业设计公司进行了产品外观设计，在使用性和适装性方面有了大幅提升。

2017年底，为了实现生产，团队入驻了上海光机所上海先进激光技术创新中心，拥有了独立的办公、研发和生产场地。在中心，第三代产品的生产工艺得到完善，并且先后完成了5种飞机机型的加改装和试飞，完成了3类水质的应用示范，产品的稳定性和有效性得到验证。在这个过程中，团队也得到了锻炼和成长，研发队伍从原来的8人扩大到现在的16人，研发方向也从单一产品向多种激光雷达产品研发拓展，研发的产品涵盖陆地激光三维成像、远距离激光测距、林业调查激光雷达、海洋环境探测激光雷达和水下激光雷达等，多个硬件和软件形成了标准化模块，研发效率大幅提升。产品在国内逐渐打开了应用市场，并且获得了较高的认可度。我很欣慰，多年的努力付出终于开始有收获了。

从2016年组建团队开始，团队已经走过了6个年头，其中也经历了多次人员变动和经费不足的困难。但是团队始终围绕着海洋激光雷达方向，以愚公移山的精神，逐步攻下激光雷达的多个关键技术。第三代机载测深激光雷达产品也得到了国内用户的肯定，海洋环境探测实现了深度达100米的国际首次突破。伴随着团队的成长，我个人从一个项目负责人转变为一个团队负责人和研究方向负责人，视野从紧盯项目进度转为展望发展方向，肩上的责任更重了。

我对集体也有了更深的理解：一个人一定要融入团队，将自己的成长与团队发展结合，就如个人事业一定要融入国家发展中，才能够取得成功。秉承叠罗汉的团队精神，才能不断地摘取高处的成果。

我的研究方向和工作始终与机载激光雷达相关，如果不包括民航飞机，我大概是上海光机所乘坐飞机机型、架次和时长最多的人。2003年入职后，我先后参与了近20次的飞行试验，粗略统计，飞行时长近200小时，乘坐的飞机包括直-8、运-12、赛斯纳-208B、小松鼠直升机和奖状飞机，飞行高度从200米到7 000米，其间也经历了很多"有趣"的事。

第三代机载测深激光雷达研发团队参加飞行试验

西沙飞行试验让我们看到了无与伦比的美景，时至今日，仍记忆犹新。

2017年9月，新研制的第三代机载测深激光雷达在海南岛开展飞行试验。飞行平台是运-12飞机，计划飞行两个架次。因为是新仪器的第一次飞行试验，在正式飞行前，飞机需要进行一次试飞。试飞区域就是机场上空，试飞时长半小时，主要是检验加装仪器后对飞机飞行安全是否存在影响。为了飞行安全，机组不建议我们此时上飞机。然而考虑到飞行机会难得，为了保证之后两个架次飞行顺利，我们还是坚持上了飞机。在试飞过程中，我们进行了仪器操作，确认仪器状态正常。

试飞成功后，正式飞行试验启动，第一个架次飞西沙试验区。西沙试验区距离三亚300千米，路上飞行一个半小时，航高保持在2 000米，快到西沙试验区时，航高降低到试验要求的300米。

当我们从高空降下来时，首先映入眼帘的就是西沙的岛礁和湛蓝的海水。这种颜色的海水只在电影和电视里看到过，仿佛一大块翡翠，不同深度的海水呈现出靛蓝、天蓝和浅绿多种颜色，翡翠呈现丰富的色彩，白色的珊瑚礁石就像翡翠上的白絮，在光照下熠熠生辉。当时，除了西沙美景让我心情激动外，更让我兴奋的是仪器观测到50米水深的信号，那是我们机载测深激光雷达团队从研发第一代仪器以来一直期待证明的结果，终于在第三代仪器上实现了。

庄子在《逍遥游》里写道："鹏之徙于南冥也，水击三千里，抟扶摇而上者九万里，去以六月息者也。"我姑且将他老人家说的"南冥"视为南海，期待有一天，我们的飞机能够从西沙和南沙的机场

试验中拍摄到美丽的西沙岛礁

起飞，借助我们的机载测深激光雷达技术，测遍美丽的西沙和南沙群岛。

参与飞行试验，不是只有西沙"空中游"这样的成功经验，也遇到不顺、意外，甚至危险。

2017年5月，我在海南乐东参与飞行试验。飞机起飞时间为5点半，要求参试人员4点半从宾馆出发进机场。但是，飞机飞行受机场天气、航路天气和空中管制等多种因素影响，起飞前1小时才能知道是否能够起飞。我们按照飞行计划，早上4点起来收拾好，等待机场通知。那一次运气特别不好，连续4天飞行任务都被临时取消，我们当时都借用NBA球星科比的一句话来自我调侃："你们谁见过海南乐东早上4点钟的样子，我见过，在乐东的每一天。"

　　为了在规定时间内完成试验任务，在试验计划的最后一天，我们每个参试人员都连续参加了两个架次的飞行，时长超过10小时，从日落飞行到日出，才把之前损失的飞行时间补回来。

　　飞行试验不仅是对仪器，也是对科研人员环境适应能力的一次考验。2017年8月，我在海南博鳌参与飞行试验。由于正值盛夏，我们去海南都没有带厚衣服。第一次飞行到4 000米高度时，外部气温只有5℃，虽然我们已经穿了三层衣服，但当冷风从飞机观测窗口吹进来时，人还是被冻得瑟瑟发抖。后来，我们赶紧去商店买了棉军大衣，并把酒店的被子也带上飞机，将自己裹得像个球。

　　飞机采用运-12试飞，由于是非密封舱飞机，当飞行高度超过4 000米，机上人员就需要吸氧。当时有两个架次的飞行高度接近5 000米，我第一次戴起氧气面罩，没什么经验。与我一同上飞机的

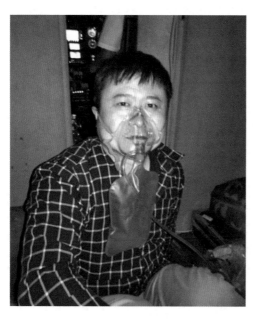

在飞行高度近5 000米的飞机上吸氧

老师，一直说自己头疼，我以为是他没休息好，就让他在一旁休息。下飞机后，机务人员检查才发现，原来是这位老师的氧气面罩出了问题，这就相当于他刚刚在飞行全程没有吸氧，产生了高原反应，幸好，没出现危险。

飞行试验结束后，我们调侃："人员和仪器成功经受住高低温、低气压和振动的综合考验，圆满完成试验任务。"

2019年6月，海南博鳌飞行试验的飞机是赛斯纳-208B，试验区域在离岸90千米的海上。飞机下午5点半起飞，在机场上空完成本场测试任务后，6点20分飞向试验区。飞出海岛大约10分钟，我还在操作设备，突然听到耳机中传来机长的声音：飞机故障，立刻返航。然后，听到机长与空管联系返航事宜。因为之前也遇到过几次飞机故障返航的情况，包括仪表显示错误、指示灯不亮等问题，我没太在意，继续有条不紊地关闭设备，等待降落。飞机降落到地面时，太阳已经落到地平线以下了。

飞机滑到停机位后，我问机长什么故障。机长告诉我，飞机发动机机油泄漏，泄漏的机油被风吹到驾驶舱前窗玻璃上，形成了一层黄色半透明油膜，机长的视线被遮挡。机务人员初步检查后发现，机油管损坏，机油泄漏殆尽，需要更换零件。

大难不死，必有后福。

吃晚饭的时候，与机长聊起此事。机长说："今天真是与死神擦肩而过。如果不是在机场上空多飞了半个多小时，机油泄漏的时候，飞机就会在海上测区，剩余的机油就不能支撑我们飞回机场，发动机将烧毁，我们就要在海上迫降了。"

"潮平浪滑逐沙鸥，歌笑青山水碧流。世人历险应如此，忍耐平夷在后头。"郑板桥的这首诗很好地反映了我们当时的心境。这次空中历险，也许是上天给我们的考验。

此后的第二次飞行非常成功，试验观测成果则创造了一项新纪录。

风雨同舟：勇气和技术砥砺开拓的二十载

居里夫人在她的自传里写道："真正干起来之后，尽管发现困难重重，但研究的成果却在不断地显现，所以劲头儿也就大增，不去想那些困难了。"这段话说出了我从事激光雷达技术研究的心声。研究和试验的过程注定不是一帆风顺的，总会遇到各种各样的困难，翻过大山还会遇到险水。但是，当关键技术取得进展，当设计的产品获得认可的时候，内心的喜悦和骄傲无法用语言来表达，那一刻，经历的所有挫折都不值一提。

在近20年的研究中，上海光机所助我进步、助我成长。从学习第一代仪器到设计第三代仪器和开拓应用方向，我见证了上海光机所机载测深激光雷达技术的进展，机载测深激光雷达也见证了我从科研小白到科研骨干的成长历程。我们两个就像一对"老朋友"，一路走来，共担失败的挫折，也共享成功的喜悦。

部队精神，航天精神

———

刘圣丹

作者简介

刘圣丹

　　1988年出生，2011年于上海杉达学院视
觉传达（平面设计）专业本科毕业，2009年
12月—2010年12月在上海武警总队杨思支队
做世博女兵。2012年2月进入上海光机所工
作，先后担任文档管理员、库房管理员、实
验室管理员，项目质量主管。

个人感悟

　　无论在哪种岗位，一直坚信：不管做什
么，只要做好，再不起眼的岗位也能发光。

有些事情，冥冥之中自有安排。不必强求，不必忧虑，顺其自然，静待花开。生活永远像一个盲盒，下一个是什么，我们永远不会提前知道。从来没想过，我会和部队，会和航天有这样一段缘分。

天意

2009年12月的一天，天空下着淅淅沥沥的小雨，我和一些女同学整整齐齐地穿着一整套迷彩服，在学校的隆重欢送中，乘着大巴车缓缓离开熟悉的校门。

那一年，我还在读大三，并不知道即将开启的这段军旅生涯会在我的人生中留下怎样的深刻印迹，只觉得短短的两个月时间，好像做了一场奇妙的梦。梦中，我在天意的指引下，与军队结下了缘。

故事的起点，是两个月前的一次班会课。班会课上，老师问同学们："为了给明年的世博会做准备，武警部队需要招一批女兵，有没有人想要参军的？"当时的我，觉得"参军"这两个字与自己无关，左耳进右耳出，完全没放在心上。

但缘分，总是在意料之外悄无声息地降临。报名前一天晚上，一名平日里与我很要好的室友问我："明天你能不能陪我一起报名？我有点害怕。"彼时的我满怀"朋友义气"，当即拍了拍胸脯，第二天课上就和她一起举手报了名。

随后，学校统一安排所有报名的女生参加体检。谁能想到命运弄人，一开始就想参军的室友没有通过体检，最后通过的，竟然是来"陪跑"的我。

人员名单和候选名单下来几天后，老师找到在候选名单中的我，问道："有一个女孩子不愿意去了，所以还有一个名额，你现在还愿意去当兵吗？"我当时瞬间懵了，但"鬼使神差"地点了点头。老师继续说："那好，你把政审表填了，下周我们到你户籍所在地调查情况。"

直到回到寝室，我脑中仍是一片空白，好一阵才回过神来——只要政审通过，我就可以去当兵了！我立马拿起电话就向妈妈汇报，妈妈也和我一样喜出望外，并嘱咐我："一定要去当兵！"

最后，我如愿当上了兵，在12月离校来到部队。

我面临的一切都是未接触过的：一个完全陌生的环境和一个完全陌生的团队。一栋楼里住一个中队，一个中队有十个班，每个中队有中队长、副队长、指导员、三个排长和十个班长。我被安排在了17中队一班。

刚到住的楼，我们行李还没放稳当，就被叫去楼下开会了。队长讲了一些部队的要求，并且告诉我们，马上迎接我们的将是为期三个月的新兵训练。在这说长不长、说短不短的三个月里，我们要学习整理内务，要学习正步走、齐步走、擒敌拳等内容。除此之外，还有对我来说最"惨无人道"的3 000米耐力训练。要知道，我可是一个连800米都无法完整跑完的人，要我在规定时间内跑完这么长的距离，真是当头一棒啊！

幸好，队长深知大家"能力有限"。一开始，我们只需要在每天早上出操时跑800米，以及收操前跑1 200米。在此基础上，后续每天一点一点往上"加码"。从1 200米，到1 300米，到1 500米，再到2 000米……三个月的时间，我在新兵连中和大家一起慢慢进步着，直到最后，所有人都可以在规定的时间内跑完全程。我还记得我第一次完整跑完3 000米的时候是个傍晚，正值夕阳西下，汗水黏在眼皮上，整个人已经筋疲力尽，但我却从来没觉得自己如此有力量过，仿佛再也没有做不到的事。

齐步走、正步走训练也非常辛苦，一个班走得整齐还不算难事，难的是要一个中队保持同一行进速度和同一踢腿高度。10×10的大方阵里，大家为了训练正步走的肌肉记忆，每次踢出腿去都要一起定格，即使小腿已经酸得不行，还是要咬牙坚持。

进部队时恰逢冬天，由于我们人数较多，炊事兵没办法完成这么多饭后清洁工作，就安排每个班轮流进行大值日，负责清洗各种大盘子、大盆和炊具。彼时，部队里还没有热水，犹记第一次轮到我们班做大值日，清洗完毕后，每个人的手都冻得通红通红的。从前，大家都是家中的"掌上明珠"，哪里吃过这种苦？回到班级里，大家怨声载道，有人甚至打起了退堂鼓："太苦了，太苦了，我要回家！"尽管嘴上说着"回家"，所有人却都坚持到了退伍。

转眼到12月底，我们即将度过在部队中的第一个元旦。因为考虑到我们都是第一次不和父母过年，我们的队长、副队长、指导员、排长都没有回家，而是留在了班里给我们当"大家长"。除夕晚上，部队里要求每个班都要出节目，我们班表演的是小品《小蝌蚪找妈妈》，密集的笑点让整个部队里此起彼伏地响起笑声，我当时负责读旁白，都几次忍不住笑了场。

部队里的春节，虽然没有父母的陪伴，但我们丝毫不会感到孤独。大家一起看春晚，一起吃零食，惬意而开怀，温暖而幸福。

在部队过元旦

三个月的新兵训练很快就结束了，一个个手无缚鸡之力的女大学生，转眼纷纷变身为英姿飒爽的女兵。为了检验新兵连成果，整个大队组织了阅兵仪式。接受检阅时，我们每个人都不约而同地站得比平时更直、走得比平日更用力，为新兵连训练画上了一个完美的句点。

但是别忘了我们此次入伍的主要任务——世博会的安保工作。因此，新兵训练结束后，除日常工作之外，我们全身心投入安检的学习中。

每一次安检，都是和抽烟者斗智斗勇的过程。尽管明文禁止携带打火机、管制刀具进入世博园，但还是会有很多人"不听话"。有将打火机、小型刀具藏在鞋子、裤腰带里的，还有藏在衣服夹层口袋里的，真是让人哭笑不得。

还记得刚进部队，队长曾告诉我们，"当兵后悔两年，不当兵后

世博会合影

悔一辈子"。我当时"年轻"不懂事，对这句话不以为然。后来经历了部队生活，才真正领会到所谓的"部队精神"——不怕苦，也不怕累，为国为党，坚持到底，就是胜利。

哪有什么岁月静好，不过是有人在替我们负重前行。或许是天意使然，我非常荣幸地成为一名"负重前行"的人。虽然时间很短暂、任务很艰巨，但这段为国服务的荣誉岁月，是我终身受益的宝贵财富。

选择

2011年退伍后，我去了浦东一家公司实习。接下来的一年中，我日复一日机械地做着相同的事情，没有收获，心中很不满足。偶然有一回，在网上发现上海光机所的招聘网页，了解到这是一家做航天激光器的单位，瞬间"怦然心动"，心想，如果能进入这样一家单位，该有多好啊！

念头一动，便一发不可收拾。作为一名退伍军人，我时常羡慕那些为祖国发展作出贡献的人。这时，我才恍然明白，部队生活看似远去，"部队精神"却早已烙印在心中。"做对社会有用的人，做在国家需要的时候挺身而出的人"，这些都是部队生活教会我的。但报效国家不只有当兵一条路，为中国的航天事业作贡献，不也是殊途同归吗？想明白后，我很快做出了选择。

上海光机所所在的嘉定和浦东相隔甚远，但我还是毅然决然地辞去了当时的工作，退掉了租的房子，来到一个完全陌生的地方。经过充分的准备，我成功通过了文档管理员的面试，顺利成为我梦想的单位——上海光机所中的一员。

上班第二天，侯霞主任让我给一个项目做会议纪要。原本我以为，记录嘛，不是很简单的事嘛。直到第一个会议开始，我才意识到我错了，这么多的专业术语，这么多的英文单词，是在讲天书吗？

一大盆冷水迎头浇下，我的热情消失殆尽，感受到深深的挫败感。我开始焦虑，开始自我怀疑，我的选择究竟对不对呢？在这么多硕士、博士面前，我连整理会议纪要都做不好，还能发挥什么用处呢？我还能做好这份工作吗？

现在回想那段低潮期，真是庆幸曾在部队得到锤炼。在最无力的日子里，我时常给自己鼓劲，3 000米都能跑下来，还有什么事做不到？而且，我是怀着一颗为国服务的赤子之心来到这里，怎能轻言放弃？

我不服输，打起精神，全力以赴。为了做好会议纪要整理，我先下功夫，在两周时间内认识了整个部门40多个人。于是，再次开会的时候，我对参加会议的老师们都有印象，至少知道他们姓什么、在哪个办公室。

开会时，我一字一句将我能听懂的记录下来，听不懂的就用××来替代，比如"张老师说：××这个激光器不适合，需要用××来替换。""李老师说：××这个器件存在漏率问题，需要用××方法来解决。"开会结束后，我立即飞奔到各个办公室找发言的老师们，将方才没听懂的地方逐一弄明白。正是老师们的耐心和包容，让我得以一点一滴地进步。

慢慢地，我从完全听不懂会议讨论，到听懂一点，最后到基本都能听懂。现在想来，这不就是我从800米到3 000米的进步吗？滴水穿石，非一日之功。

我和各个办公室的老师们几乎都认识，大家还常拿我打趣。记得我刚来单位两个月，同办公室的夏老师问我："小刘，你来多久啦？"我笑着回答："两个月了。"夏老师一脸惊讶："不会吧，我怎么觉得你来两年了？"办公室里顿时笑声不断。

用两个月的时间，通过自己的努力，我彻底融入上海光机所这个大家庭。这是每每想起都让我非常骄傲的事，也是我重拾信心的开始。

直到现在，我依旧笃信自己当初的选择是正确的。虽然我只是一个小小的文档管理员，但我一直相信，每一颗小小的螺钉都有着大大的功效。即使只能发出微弱的光，我也要尽全力贡献自己的一份力量。

坚持

随着部门的不断壮大，我也在不断成长。

还记得2012年底，领导又给了我一个新的任务，建立部门的军品库房。对于什么都不懂的我来说，这又是一个艰巨的任务。我找来了当时做软件的同事，一起研发一款比较简易实用的软件。一个个功能和设计师进行确认，如入库需要做哪些信息，出库需要做哪些信息，要留存哪些记录等。建好库房系统后，我又担任了库房管理员。一个人负责所有库房的出库入库工作，面对上千款我不认识的器件，完成分类存放、领料出库还是有很大难度的。记得当时有一个项目非常大，器件配料非常多，经常要加班配料。由于当时只有我一个人，怕出错，还让设计师帮忙一起确认。库房管理员要做到随时配合团队进行领料。有一次深夜11点，我先生的手机响了，结果是××项目质量主管找我。我很诧异，为什么会这么晚找到我先生？通话让我了解到他们在进行测试，一款器件坏了，亟需从库房再领一款。但我手机一直不接，问了很多人才找到我先生的手机号。当时由于孩子还小，晚上我哄他睡觉的时候，手机会静音，怕影响孩子睡觉。至此之后，我手机24小时开机不静音，生怕项目组有急事找不到我。这个习惯一直保留至今。2013年，军品库房开始投入实际运转，经过半年的时间，我对库房系统了如指掌，对器件的分类、外观、型号等都有一定的认识。由于同时期我还担任项目文档管理员，任务繁重，因此后续招聘了专职的库房管理员接替我。这段经历也让我有了很大的收获，我从而了解并熟悉很多电子器件、光学器件。

文档管理是项目质量很重要的一部分。在部门里，所有项目的文档都由我负责收集受控，部门每一年的质量外审都由我负责。我从中学习到了很多东西，通过文档管理，熟悉了项目的阶段和流程，知道在项目研制过程中需要形成哪些文件，做哪些事情；通过外审了解了GJB 9001标准，并跟着审核老师提高业务能力。2016年，我觉得自己已经具备独立负责项目质量的能力了，因此郑重向部门领导提出请求。还记得当时是和领导一起走在从溢智厅往办公室的路上。我鼓起勇气对她说："领导，我不想一直做文档管理员，我想独立负责一个项目的质量。"领导考虑了一下说："可以啊，等新的项目下发下来。"

没多久，一个比较紧急的项目M11/M12卫星激光终端立项了，我成为该项目的质量主管。这项任务异常艰巨，从前一直躲在背后做支撑工作的我，这一次，需要和团队一起并肩作战在第一线。

上海6月的夜晚，温度还不是很高。由于长时间的熬夜，我的中耳炎发作得十分厉害，耳朵常常疼得难以忍受。医生建议我："不要坐飞机，也不要再熬夜。"前者还可以做到，后者却实在让我犯难。彼时正是攻坚时刻。陈卫标所长、侯主任每天后半夜都会进实验室来查看测试情况，我作为质量主管，怎能不时刻坚守呢？况且，这还是我独立负责的第一个项目，绝不能因为个人原因，给团队带来不便，"坚持到底，就是胜利"！

2018年6月8日，距离M11/M12交付还有20天时间。这一天，恰是我30岁生日，家里人特意叮嘱我回去吃晚饭。一进家门，就看到满满一桌子菜，还有一个漂亮的生日蛋糕。儿子给了我一个大大的拥抱，说："妈妈，生日快乐！我爱你！"我瞬间心中一片温暖。由于

和宝宝在一起

工作忙碌，我已经很久没有好好地陪伴他了。通常回到家时，他已经进入了梦乡，每天相处的时间，只有早上那么一点。小家伙总是依依不舍，却十分懂事，经常对我说："妈妈，我爱你啊！"

吃完晚饭，我还要赶回去加班。家里人见状，都有点不太开心。儿子拉着我的手问我："妈妈，今天是你的生日，能不能留下来陪陪我？"我也很想陪伴家人，却只能抱歉地告诉儿子："宝贝，妈妈的工作很重要，这段时间你先跟爸爸玩，好不好？等过了这一阵，妈妈一定早点下班陪你。"儿子大大的眼睛里满是困惑和不舍，但还是乖乖地放开了手。

安抚好家人，我又匆匆赶回实验室，继续加班工作。当时正是最后的系统测试阶段，测试人员在实验室内争分夺秒，争取多测试几次。看着他们忙碌的身影，心疼自己的同时，也心疼我们的科研人员，他们都是一群80后，都怀着同样的梦想走到一起。已经记不清连续加班的天数了，当时我心里期待项目快点交付，大家可以好好休息。

到了晚上11点多，大伙都饿了，因为经常加班熬夜，实验室外面有很多泡面和小面包之类的点心。虽然知道泡面对健康不好，但相对于饿着肚子来说，吃一些能让自己更舒服。和大家一样，我也给自己泡了碗面。趁着还没到12点，我拍了照，发了朋友圈，祝自己生日快乐，这碗泡面就当成自己的长寿面了。没想到，朋友圈很多人送来了祝福，当时还有上级单位的设计师，说我们辛苦了。我虽然回复着不辛苦，但其实心里还是很委屈很心酸的。毕竟是自己30岁整生日，再过几十分钟就过去了，别人的整生日都是集齐亲朋好友一起过的，而我，受着身体的煎熬，啃着泡面，在实验室就这么过完了。

后面10多天，大家仍旧紧锣密鼓地进行着测试，24小时不间断，轮流值班。终于在6月底，我们完成了所有测试工作，产品可以交付给卫星总体。

还记得送产品去装星是个晚上，当看着产品被运走的那一刻，我心里感慨万千，忍不住流下了激动的眼泪，觉得之前所有的努力和辛苦都是值得的。侯老师一直要求我们把产品当成自己的孩子一样爱护、爱惜。她说："这是我们的'孩子'，我们辛辛苦苦把'她'养大，现在就是'她'出嫁的时刻。"我听后深有感触。这个产品倾注了我们科研人员所有的智慧和汗水，为了能够把"她"送上祖国的蓝天，我们付出良多。

现在回头想想，也许那年的生日才是最有意义的生日。和亲朋好友一起过固然热闹，但这个生日对我来说更加难忘——因为我看到了坚持的力量。正是因为我们所有人员坚持，我们所有人员努力，才会有那一刻满满的收获，这种能为国家作贡献的自豪感、成就感是什么都无法替代的。

如果问我们苦不苦，我们肯定会回答"苦"；如果问我们会不会放弃，我们肯定会坚定地回答"不会"。支撑我们整个团队取得最终胜利的，我想应该是——航天精神。

十年前，我感受到了什么是部队精神，十年后，我体会到了什么是航天精神。她们教会我的是同一个道理——坚持！

激光之眼　照耀世界

———卢智勇

作者简介

卢智勇

　　1987年出生，2015年上海光机所博士毕业，主要从事相干激光探测应用系统研究。现任中国科学院空间激光信息传输与探测技术重点实验室副研究员。作为项目负责人，先后承担国家重点研发计划项目、国家自然基金重点项目等国家级研究课题。获中国科学院大学"三好学生""尚光青年标兵"等称号。

个人感悟

　　做该做的事，迎难而上，坚持不懈，持之以恒；从小事精耕细作，生根发芽，进一步茁壮成长。

上海光机所是我梦寐以求的地方。已忘记考博时，自己翻阅了多少文献，联系了多少导师。功夫不负有心人，2012年，我终于来到上海光机所。

至今，我仍清晰记得，那天我站在3号楼门前，刘立人导师特意下楼给我开门，并和蔼可亲、言语恳切地介绍他的研究，嘱咐我好好考试。我一直保留着当时打印并装订好的导师文献，时常翻阅，仍可以从文字中感受到刘老师深厚的理论功底、丰富的知识储备和严谨的治学态度。

充满惊喜的工作之邀

三年的学习生涯，苦乐相随，一晃而过。

"是你自己动手搭系统把实验结果做出来的？"刘老师惊讶地望着我。

"是的。"我低声应答着，对于导师我一直怀着敬畏之心，不敢直视，因为他有我们难以企及的知识积累和思想高度。

第一次见到刘老师，我就为其渊博的知识、广阔的视野深深折服。进所后，作为学生的我极其渴望开组会，因为那时可以尽情地倾听刘老师的教导，深刻的思想、直击本质的视角，让听者酣畅淋漓、受益匪浅。

看文献的时候，脑海经常浮现一句话："啥时可以再与刘老师交流？"

临近毕业，我一直紧张地进行博士课题的实验和毕业论文的撰写。风和日丽的平常一天，刘老师把我叫到他办公室，问："你愿意留在课题组，继续做合成孔径激光成像雷达研究吗？组里这个项目还需要继续干下去。"

顿时，我惊喜若狂，因为可以在刘老师的指导下继续自己的课题。

"喜欢就继续做吧，简简单单"，这是我一下子冒出来的想法，但表面仍强装镇定。我接受了邀请，办完相关手续，开始了正式的工作生涯。

小问题要大折腾

工作后的第一个项目便是合成孔径激光成像雷达。刚工作的小伙子总是充满激情和斗志，对看到的每个物理器件和设备都忍不住想去用一用。

"反正时间长，慢慢的肯定能用得到。"我心里默念道。

每套系统总是需要经历样机设计、算法仿真处理、系统集成测试、真实环境系统试验等环节。在前期完成设计、算法处理等之后，还需要进行细致的系统集成测试。

相干探测需要高精度的时空相干，高精度的激光干涉场对系统探测灵敏度性能的好坏极其重要，是项目的关键技术指标。要获得高质量的相干零差，需要保证波长量级的装调精度，同时满足振动、宽温变化下的应用，并实现本振光和信号光同轴平行光干涉，必须兼顾可靠性和高性能，实现难度极大。

面临重重困难，研究人员硬着头皮进行了初步的装调。

"为什么干涉条纹这么密集？这明显没有达到最佳相干状态。"在测试的某一天晚上，同课题组的孙建锋老师查看后提出疑问。

核实后发现，条纹确实比较密集。为进一步优化干涉场，我们从激光器出发，每个器件都重新装调和测试分析，最终发现集成的发射模块与扫描振镜夹角不垂直，存在倾斜角，因此需要减小集成发射模块的俯仰角。由于要满足机载振动的要求，但没有可移动的装调部件，因而最可靠的方式就是打磨，降低发射模块的厚度。

说干就干，我们拿来磨刀石，一遍一遍磨，磨几十分钟再装调测试一次。但由于该模块是钢材料制作，硬度高，磨了半个小时，厚度也就下去零点几毫米。

就这样一遍一遍尝试，今天不行，明天继续折腾，明天若还达不到效果，后天继续干，折腾了两三天，终于获得了最佳的零场干涉。

光学设备是高精尖的精密仪器，只要不厌其烦、耐心地处理好光机匹配，持之以恒，问题终归可以解决。

对相干激光雷达系统设备而言，光机电软缺一不可。数据采集处理是激光系统的灵魂，处理系统软件往往决定了系统的质量和稳定性，其开发时间长，需要科研人员的细致和坚持。

激光雷达应用FPGA进行高速、实时的数据采集、处理，并制定协议将处理结果实时上传至上位机。但FPGA的开发周期编译时间往往都很长。在项目进展至联试（各功能模块之间的联合调试）阶段，测试上传的数据必须完全正确。

"为什么帧计数断断续续的没有完整连接起来？并且测量的值还不对。"

"这肯定不对，一定是算法还有问题，并且数据没有完整传输上来！"

其间，我们查起了代码，不断对每个参量进行核实，并调出硬件连接图，详细查阅内部数据参量传输。待修改完、编译好后，时间已经过去一个半小时了。大家怀着焦急的心情等待进一步测试。

"还是不对，仍然是断断续续的数据！"

谁也没有想到，这一困境持续了一个多月之久，每天在实验室里重复工作忙碌一整天，毫无进展。晚上回家还不断琢磨换个方案试试，好不容易蹦出一个火花，第二天满怀希望一试，还是不行。长时间止步不前，越来越大的挫败感侵蚀着团队的心，心理承受力面临极大的考验。

"一定可以解决的，问题才是我们研究的动力。有问题才能体现我们的价值。"在艰难时刻，大家互相鼓劲，每个人都不轻易认输，越发精神。

我们不停查阅文献，修正算法程序，并一步步仿真验证。同时，导出问题数据，深入仔细研究。

通过分析上传的数据，发现数据的断点呈现非常有规律的周期性，经过512个周期后，断掉的数据有46个。

"这不正是A/D采集的数据计算结束后，编排的数据长度和重叠数据嘛！"

似乎接近问题的真相了，同事们欣喜若狂，抑制不住内心的激动："快点改、快点改……"

最终在数据存储位置，我们找到了对应数据的逻辑问题，反复调整，不断重新编译。

时间一分一秒过去了，在这个过程中，大家各自优化自己的系统模块，终于可以进一步测试了。

"这就对了！"看着连续的帧计数信号，大家悬着的心终于放下了。

可是，事情还远没有这么快顺利结束，在后续的设备测试中又发现了诸多问题。

一天，课题组同事许倩急急忙忙地问我："最近用设备采集数据并处理出来的扫描图案，有时候是正常的图案，有时候呈现不正常的中空的螺旋状，这是为什么？"

我心里一惊，竟然还出现概率事件，说："会不会是参数设置有问题？"

"不会啊，我都是照着之前写的操作流程操作的。"

为了尽快复现扫描的图案不正常问题，我们全部停下手中的所有工作，回到设备旁边，抓起鼠标一步步对着流程操作。整个数据采集完毕，过了十多分钟，待处理好数据后发现，一切正常。

重新再操作一遍，还是正常；连续操作好几遍，仍然未能复现问题。

我们知道，现象不复现就很难找到问题的关键所在，将会埋下隐患，指不定哪天又出问题。

我们讨论了片刻，决定换人操作，慢一点，再一次开始复现。

"第一步，检测设备连接线。"

"确保上述连接无误后，打开雷达供电总开关，开始供电。"

"打开下图所示桌面上的地面上位机软件图标。"

......

我们一边念着流程步骤，一边操作，同时在思考：这个设备运行至这步应该是正常的参数被初始化、数据应该在上传等，最后通过监控逐一排查正确与否。

而这一次，再次传出数据进行处理时，终于复现了错误的现象。"难道换个人就不正常了，这太玄了！"大伙发出了感叹。

为了说明不是随机出现，我们又重复来回操作了好多遍，的确不断地复现问题。

我心里纳闷，怎么会跟操作有关系呢？一定是某个操作步骤不符合实际需求。

为了查清楚是否与操作流程有关，我们详细分析前前后后的操作步骤，是否因为忽略了设置的逻辑顺序，造成了与数据反演模型逻辑的不对应。反反复复梳理后，终于发现，雷达系统在开机的初始状态下，记录位置的码盘值与扫描器的实际位置存在一个偏置值，偏置值若不修正，就会导致反演的三维图像出错。

而实际上，系统操作有两种不同的步骤，一种是扫描器运动到光学模型零位时，FPGA清零计数，即修正了偏置值；另一种是在码盘值零位时先清零计数，再让扫描器运动至光学模型零位，未直接修正偏置值。在图像反演的过程中，采用的是未修正偏置值的程序模型，因此当操作步骤为第二种时，就会反演不出扫描图案。总而言之，第一种情况，对应的程序是不用补偿偏置值，就可正确获得扫描图案；而第二种情况，需要进一步在图像反演程序中加入偏置值，才能得到正确的扫描图案。

终于查明原因，我们统一了操作流程和运算程序。看到期待的结果，内心舒畅，再没有什么比查出问题更爽的了。

问题，是我们滚滚向前不可或缺的推动力，不断激发着我们的斗志。

问题与激情同在

只有久经考验的设备，才有强大的生命力。完成实验室内设备的装调和测试后，下一步就是机器的外场适应及验证指标性能能力。其中有一项指标是回波探测最低灵敏度。

为了得到长距离长时间连续动态工作情况下的最低接收光功率，我们计划立即在外场进行系统性能测试，其测试的结果可以提前评估后续天上的试验回波信号的性能，对后续的试验成败至关重要。因此，我们搜寻了嘉定区的大量马路，现场考察了多条马路的直线线性度（由于激光是直线发射，当路面不够直时，激光易被建筑物遮挡）、路面的凹凸平整度，在地图上标标点点了很多条路径。

经过前后 N 次的不断筛选，勉强找了一条接近1千米的直线公路。到现场查看实际情况时发现，时不时有车从马路开过，试验容易受干扰，并怕激光打到人、车身上。这该如何测试？

大伙儿坐下来讨论对策。

"要不我们再找找还有没有其他试验场地？"

"或者我们把设备放路边，做近距离的试验。"

最终，我们认定，这条路已经是所有场地方案中最好的，可以在没人没车的时候做试验，晚上总归可行吧。

就这样，我们在夜晚试验。

一旦决定，马上行动，当场就开始部署。"设备放这里空间不够啊！""我们还是沿着路边发激光做试验，还有路边沿可以参考。"……大家在现场兴奋地讨论起来，确定好晚上10点过来试验，各自回去准备。

夜幕降临，皎洁的月亮挂上枝头。我们拉着设备直奔现场，根本顾不上欣赏这美丽的夜色，紧张地完成卸设备、架设、安装、开机等一系列试验操作。紧接着，课题组的两位研究生从海胜和蔡兴宇拉着目标从雷达位置慢慢地移动，一步步不断远离，只能从监视器上看到他们模糊的身影，慢慢地，身影变成了一点。

就这样，一个晚上不知道测量了多少回合，好多时候没有打上目标，小组成员来来回回确认，跑了多圈。同志们打趣说："做试验很

夜色下，在车顶架设系统设备

锻炼身体啊！这样的试验多来几个。"

距离飞行试验的日子越来越近，转眼到了2016年端午节，这是一个值得回忆的特殊日子。

为了在地面实现远距离的成像验证，在前期找好了目标靶点位置以及设备地点。我们叫来租赁货车，将设备运至嘉定西的志远酒店，准备开始进行地面远距离合成孔径成像试验验证。

由于样机重量相对较重，特地设计了更为牢固的雷达基座。运输至试验场地才发现，没有电梯。如此重的设备只能靠人力从地面运送至台面，集结了七八个人，费了九牛二虎之力才运至目的地。

端午节当天，天气潮湿炎热、能见度低。为了能探测到回波信号，激光发射功率开至较大功率进行工作。

"啪"的一声，"什么声音？"课题组一同做试验的学生李光远警觉地回头望着大家。

"赶紧断电！"说完，我立马冲过去关闭供电开关，设备瞬间停止运转。大家一脸惊慌，我安抚道："没事，查查怎么回事，总能解决的。"

于是，我们用螺丝刀拆开雷达样机，细致地检查着，发现有碎裂的玻璃片，原来是振镜碎裂了。

"为什么会破碎呢？"

为了找出原因，现场立即进行复现，直接换上新的备用扫描振镜，重新装调光路……折腾到凌晨一两点。终于将设备恢复，可以重新工作。

像上次一样开启设备，新试验仍采用前次试验的参数。工作半小时后，关闭设备，查看扫描振镜的情况，发现振镜已经有轻微的裂痕。

再测试几次后，振镜仍然破碎了。

"怎么会这么容易破碎呢？"

为了搞清楚原因，课题组组长孙建锋召集周煜、我、李光远等人紧急开会讨论，仔细检查每项参数，又查阅了大量资料。最终分析认为，在高湿热天气，扫描振镜的金属膜系难以承受大功率的激光照射，同时在高速共振运动下，玻璃材质容易出现裂痕，最终导致碎裂。

找到原因后，第二天，我们立马联系商家，并寄去了扫描器样件，重新替换膜系。此后的试验，再也没有出现振镜碎裂的情况。找到问题点、对症下药，工作充满成功应对挑战的无穷乐趣。

翱翔天际之巅

2017年夏，到了外场试验约定的日子。我们在所内提前装箱，整理好所有的样机设备、地面靶场目标、小型吊车等，团队全员浩浩荡荡地随车去往试验目的地——江苏。

试验主要设备分成两部分运输：一部分是激光雷达系统，运往镇江大陆通用机场；另一部分是靶点目标，运至常州奔牛机场。

我们上午从上海出发，中午先到达了奔牛机场。一到达目的地，立即卸货、铺设靶场目标，全员全力投入，其间对阵列角锥放置在何地还产生了分歧，短暂的探讨后，才确定了放置场地。

折腾到下午三四点，终于完成了靶点目标的场地布置。大家望着"杰作"，尽管劳累但心满意足。整个过程，大家全神贯注，连周边优美的环境都没注意到。一完成任务，又立马赶去镇江大陆通用机场卸机载雷达样机。

5月天，风云变幻，待赶到镇江大陆机场时，天空已经下起了毛毛细雨。雨越下越大，货车师傅着急，不断地催促我们抓紧把货物卸下来；另一边，机场机组人员也等着我们装机完成，可以下班。大家都焦急地等待着天气好转，最好雨停。当时，孙建锋老师手机上的天气预报APP显示，"7点15分雨势将减弱"，将有短暂的"空窗期"。于是，全员心焦地等待着。滴答、滴答、滴答……沉默的静候中，雨水落地的声音显得格外清晰。

预报相当准，待到雨小那一刻，大伙就争分夺秒卸货和安装仪器。折腾了几个小时，大伙全身湿漉漉，活似一群落汤鸡。终于把设备安装完毕，锁好舱门后，回宾馆休整，等待第二天的到来。

第二天，太阳如期而至。见到明亮的阳光，大家异常兴奋。吃过早饭后，便随车去机场检查设备。打开舱门的那一瞬间，周煜睁大了眼睛，惊呼着："啊！设备外壳、内部起了大量的露珠！"不能上电，我们赶紧用带来的风扇给设备吹风，加速这些露珠蒸发。

时间滴答地流逝着，设备总算恢复正常。但不是机场提示"航空管制"，就是天气状况不允许，一天、两天、三天，我们每天都焦急等待着，进行着重复的地面测试，以保证设备正常运行。几天下来，课题组张国的手臂、脸蛋、双腿全都晒得红彤彤，他张开手臂，我们戏称他为夏天里的一只"大龙虾"。

坚持了半个多月，反复测试—等待—测试—等待……终于迎来了"第一次"飞行。经过会议以及反复沟通，时间定在6月12日下午三四点。不知是开心还是兴奋的缘故，周煜老师形容当天的午饭：
"今天的饭真是好吃，下午坐飞机可能会饿，要多吃点！"

飞行按计划从机场起飞，我们在机上按部就班地再一次操作着
烂熟于心的流程步骤，"上电—开机—参数设置—采集……"，周老师
阅读着流程，我在一边操作，同时盯着监控屏幕的各指标参数，一切
正常。

过了半个多小时，周老师突然说了一句，"有没有塑料袋，我有点
难受？"我立刻把袋里零食倒出，把塑料袋递给他，他以迅雷不及掩耳
之势吐了出来。缓了两口气，他说道："我看不了流程表了，你看着流
程操作。"除了周老师晕机呕吐，其他一切正常。下飞机后，我们立
马将硬盘卸下带回宾馆，连夜处理数据，又一阵紧张冲刺，终于得到
高清的成像结果。

那年8月，刘立人老师突然生病住院。那阵，我们的心情抑郁而
失落，但大家始终牢记，坚持未完的事业。

团队在镇江大陆通用机场的合影

在机舱内开展试验

　　时间滴答滴答地流逝，从毕业到现在，花开花落、冬去春来，一晃七年过去了，老项目一个个完结，后续不断接手新项目。我们依然坚守在一线，以好奇心驱动，不畏艰辛解决难题。

　　如今，人工智能、工业互联网、大数据、云计算等新技术的飞速发展推动社会不断向前，人们渴望摆脱时空的束缚，从脚下走向星空，看得更远，看得更清。虽然目标遥远，路程艰辛，但我相信，一代代研究人员勇于挑战、持续创新，凭借对未来的洞察，对技术的执着和深刻理解，必将实现激光——清晰智慧的"眼睛"照耀世界的梦想。

我们的征途

——

陆婷婷

作者简介

陆婷婷

　　1986年出生，2013年博士毕业于上海光机所，同年留所工作，主要研究方向为全固态激光器技术，对蓝绿激光海洋探测与通信相关激光发射源技术持续开展研究。2015年9月起任上海光机所副研究员，获得2019年上海市技术发明奖一等奖。

个人感悟

　　我们的征途是星辰大海，既然选择了远方，便只有风雨兼程。

2008年本科毕业来到上海光机所读书，从此加入蓝绿激光通信课题组，到2013年，我博士毕业，决定留所工作，继续从事蓝绿激光通信相关的研究，再到今天……时光荏苒，白驹过隙，转眼间，我已经在光机所度过了14年。

14年的时间，足以让刚刚学会啼哭的新生儿长成大姑娘、大小伙子，足以让年富力强的青年移步到不再年轻的中年行列。而对于我来说，这14年里，我经历了从学生到职工的身份转变，也完成了从科研新人到科研骨干的成长蜕变，还在组建家庭、养育孩子的过程中逐渐成熟。

提笔生情，回首往事，酸甜苦辣，一幕幕涌上心头。

为母则强

2015年，对我来说是个特殊的年份，这一年，我的儿子出生了，我也正式升级为一名母亲。

宝宝刚出生，就凭借着8斤4两的体重，在我生产的妇产医院成了出名的"小胖子"。为了增强孩子的体质，我决定采用纯母乳喂养方式。出院以后，孩子食量很大，我的母乳有些供应不上。家人劝我可以在母乳中添加奶粉，但是我为了宝宝健康考虑，力排众议。

就这样，坚持到产后半个月，我的母乳产量已经能基本满足孩子的需求。产假期间，在家人的贴心照顾下，我的身体恢复得很好，孩子也在母乳的滋养下健康成长。

然而，我的身份不只是一名母亲，也是一名科研人。这一年，对于我们的蓝绿通信项目来说，也是非常重要的一年——我们研制的机载和水下设备，要在年底之前安装到位，随时准备开展外场试验。

7月初，我听说机载和水下激光器要提前调试好，方便后续开展系统联调。那时，虽然孩子还不满四个月，但我立刻决定"结束"产假，回到我的工作岗位上去。

上班后，首先面临的就是母乳喂养问题。因为上班通勤时间比较长，单程要一个小时左右，中途回来喂奶显然是不现实的。于是，我买了冰包和吸奶器，正式成为"背奶妈妈"。

时间紧，任务重！我刚恢复上班，就立即进入快节奏工作状态。虽然单位贴心地在医务室旁边为哺乳期妈妈准备了爱心妈咪小屋，但是小屋离我们实验室距离较远，来回费时，很影响工作效率。无奈之下，我选择了在女卫生间里吸奶。

时值盛夏，卫生间里没有空调，吸奶过程中，我经常汗流浃背，还要忍受蚊虫叮咬。这些我都不怕，谁知更残酷的现实发生了，由于白天不能亲喂，母乳产量还是逐日下跌，上班两周之后，我背回来的奶就已经不够孩子吃了。无奈之下，只有同意家人在白天的时候给孩子添加奶粉。

上班一个月后，我的工作节奏越来越快。除了蓝绿通信需要交付的项目之外，还有另一个项目需要结题，工作量陡然增大，我经常要加班到很晚才能回家，夜里，还要起来好几次给孩子喂奶。那段时间，我严重缺乏睡眠，上班路上开车的时候都不停打瞌睡，有一次，因为瞌睡严重，差点撞到高架护栏，真是惊出一身冷汗。

为了保证我的行车安全，家人纷纷劝说我放弃夜里亲喂，由他们夜里轮流起来给宝宝冲奶粉。我明白，一旦放弃夜里亲喂，我的母乳生涯、我和宝宝亲密无间的相处时期，可能很快就要画上句号，这对我来说是一件非常痛苦的事，但我却不得不做出让步。果然，在停止夜里喂奶之后，我的母乳产量断崖式下跌，终于，在宝宝六个月大的时候，不得不忍痛停止了母乳喂养，宝宝也开始了"奶粉＋辅食"的日子。

那段时间，我的心情异常复杂，似乎永远也无法在育儿和工作之间取得平衡，既觉得自己没有尽到一个母亲的责任，又担心无法做好工作，整个人都进入一个低谷。

团队中的领导和同事纷纷耐心开导我，他们给我讲了很多优秀女科学家以及优秀共产党员的事迹。我逐渐明白，作为一名党员、一位母亲，我应该迎难而上，努力去克服困难，而不是轻易被眼前暂时的难处击倒；还有一些团队里的妈妈前辈们，用自己的亲身经历劝慰我，平衡好家庭和工作的关系，是每一个女性科研工作者的必经之路，保持对自己事业的追求，同样可以给孩子树立一个好榜样。

天气逐渐转凉，我的心越来越暖了。

2015 年 12 月底，蓝绿通信项目系统联调完成，需要运送至海南开展外场试验。我面临一个新的考验——离开我不满周岁的孩子，赴海南出差。

家人一如既往地支持我，说让我安心出差，一定会把孩子照顾好。于是，带着无尽的牵挂，我登上了飞往三亚的飞机，投入到紧张的外场试验中去。

此后的两年里，我们团队几乎以每季度一次的频率，奔赴海南开展外场试验，每次试验时间少则一周，多则一月。无论寒冬还是酷暑，无论清晨还是傍晚，一旦试验计划确定，出发的号令响起，我都要暂时放下家中的一切，积极奔赴试验一线，保证试验顺利进行。在团队成员的共同努力下，我们获得了多组有效通信数据，蓝绿激光通信技术也在这一时期取得了重大突破。

现在回忆起那段岁月，我首先想到的，就是要不停地与孩子离别与重逢。频繁的出差，让我错过了孩子的第一次走路，第一次叫妈妈，第一次自己吃饭……虽然很遗憾地缺席了孩子成长过程中的很多重要瞬间，但是我并不后悔。

为母则刚。经过那段时间的考验，我最终战胜了挑战，顺利适应了"母亲+科研工作者"的身份，找寻到了科研工作和家庭生活的平衡。在科研中，我也找寻到了自己的人生价值所在，也在成为一个更好的科研工作者的同时，收获了作为一名母亲的成长。

出发去外场试验之前带孩子去迪士尼乐园（2017年4月）

海南桑拿

从 2009 年入所开始，我就参与了蓝绿激光通信项目，负责蓝绿激光发射源的研制。

一开始，由于还是一名学生，又是女孩子，几乎没有出外场的机会。那几年，虽然我们的蓝绿通信外场试验捷报频传，但我都是驻扎在大后方，从来没有看到过设备上天入海的真实场面，就很难对大家的心情感同身受。

2013 年，我博士毕业后留所工作，继续从事蓝绿激光通信激光发射源的研究。2015 年产假后，我回到工作岗位，除了继续负责激光器的研制工作，也正式作为年轻力量加入蓝绿激光通信的外场试验队伍当中。

蓝绿激光通信的外场试验队伍分为两组：一组在机场，负责机上设备的安装、调试及维护；另一组在海上的保障船上，负责和水下平台及飞机进行沟通。由于女生上船不方便，我便加入了机场试验小组。

记得第一次出外场试验，是在 2015 年 12 月底。出发之前，领导跟我和另外一个女同事开玩笑说："出外场是个苦差事，你们小姑娘可要有心理准备哦!"

出一次外场就要晒黑一圈，是我当时对外场试验最直观的认知，每次出发前都一定要准备好防晒霜、遮阳帽和防晒袖，如此"全副武装"，不亚于学生时候的军训。那一次，我们的任务是将机载通信设备安装到直升机平台上并进行现场测试，安装地点是在三亚某机场的机库里。

虽然海南阳光很强烈，但机库里是相对阴凉的，还有大风扇可以吹，工作环境还算不错，安装和调试工作也都很顺利。但后来，由于飞行计划取消，三五天后我们便回所了。就这样，第一次外场试验在波澜不惊中结束了，当时我心里还暗想：出外场也不过如此嘛！

没想到，第二次出外场便没有那么轻松了。这一次，我们只能在停机坪上进行设备的安装与调试。盛夏的海南，阳光炙热，地面温度高达40℃，飞机内又近乎密闭，温度直逼50℃，一进机舱，便有一股热浪扑面而来。由于飞行计划已经确定，必须在规定时间内完成设备的安装和调试工作，即使酷热难耐，大家也一刻都不敢耽误，在蒸笼般的机舱内，紧锣密鼓地展开工作，连汗都来不及擦。

当时，我负责激光器的安装工作。因为机舱内空间狭小，只能跪在地上操作。豆大的汗珠从额头滚落，模糊了视线，实在腾不出手来

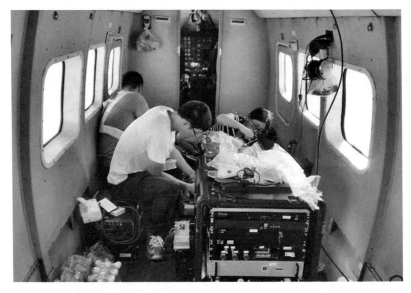

机舱内工作照（2016年8月，从左至右为邓宇欣、施君杰、陆婷婷）

的我，只能偶尔用胳膊肘撸一把脸上的汗珠，然后继续屏息凝神，投入到工作当中。

舱内温度实在让人难以忍受。工作一阵之后，我们就轮流走出机舱透气。强烈的阳光热辣辣地照射着大地，空旷的停机坪上，几乎没有任何遮挡，我们只能到机翼下面的阴凉处勉强休息一会，不久后再回去继续战斗，像极了蒸桑拿的过程。大家都笑称，这是在享受"海南桑拿"呢！

在"桑拿舱"中艰难地完成设备的安装工作后，问题又来了——机舱内温度过高，水箱制冷效率下降，激光器不能开机，无法开激光测试。可是飞行计划就定在两天以后，必须尽快开机，确定设备是否正常。

经过一番讨论，领导果断决定：收工，明天凌晨过来开机！次日凌晨4点，天空还是黑沉沉的，我们就从宾馆出发了。到达机场

凌晨4点的海南博鳌机场（2017年8月）

后，大家打着手电，将设备上电，不久，一束绿色的激光照亮了机场的宁静夜空，异常耀眼——设备运行正常！

开光测试任务完成后，我们才发现，东方已经亮起了第一抹霞光。远处的天，一丝丝、一片片、一层层，全是金黄的云霞，稀稀疏疏地布满了半壁蔚蓝的天空。这时，一轮红日从天际慢慢爬上来。那是我见过最美丽的日出。

在如此恶劣的工作条件下，我们依然按时完成了设备安装和调试任务，通信飞行试验收获了多组有效数据，我也真真切切感受到了外场的苦和累。

海南博鳌机场日出（2017年8月）

三亚24小时

从2015年正式加入蓝绿通信外场试验小组以来，我个人参与的外场试验少说也有几十次，其中最难忘的，当属2017年4月的那次24小时紧急抢修。

那是我们蓝绿激光通信项目的一次例行外场试验。飞行计划确定后，试验小组全体成员提前三天抵达三亚。机场试验小组在机场装机，海上试验小组上保障船，在试验海域测量水质，布放水下平台。

那时的机场试验小组已经经历过多次装机工作，我们将操作流程烂熟于心，又有工业移动空调这个机舱降温神器，半天时间就完成任务。机上设备状态良好，大家都非常开心——良好的开端，成功的一半！

距离第一航次飞行还有一天半的空余时间，领队特批大家可以去周边景点逛逛。大家都非常欣喜，立刻打开手机搜索起附近的景点来。

谁知，天有不测风云。领队突然接到了海上试验小组领队打来的电话，紧急通知从天而降，水下终端设备故障，初步判断为电路故障，试验保障船将于6小时之后，也就是晚上6点靠岸，请机场试验小组做好抢修准备。

放下电话的领队，面色异常凝重。蓝绿通信一次外场试验调动的资源非常庞大，错过这次飞行计划，代价将是十分沉重的。本次飞行计划安排满满当当，第二天晚上6点45分开始首航，也就是说，从水下设备靠岸开始计算，我们只有24小时的抢修时间，一场与时间的赛跑在猝不及防间拉开序幕：

2017年4月11日13：00　饭桌上的讨论迅速由三亚景点切换为抢修计划，大家群策群力，分析了水下设备电路打火可能存在的故障原因，以及抢修所需要的各类工具以及元器件，并列出了详细清单。

2017年4月11日14：00　机场试验小组联系在上海的后方保障人员，通知他们准备好清单上的所有物品，要求以最快的速度运送到三亚。后方人员接到通知之后，立刻前往实验室，在两小时之内整理打包完所有抢修物资，联系航空快递发货。

2017年4月11日17：00　航空快递公司运货车到所，接上所有抢修物资，发往浦东机场，准备在4月11日晚20：55搭乘上海飞三亚的最后一班飞机。

2017年4月11日20：00　货物到达浦东机场，顺利通过安检，登上飞机，于20：55准时起飞。

2017年4月11日22：05　机场试验小组部分人员兵分两路，一部分人开车前往码头迎接水下设备，另一部分前往三亚凤凰机场，等待上海空运来的抢修物资。

2017年4月11日23：55　飞机在凤凰机场准时落地，机场人员接到抢修物资后，马不停蹄赶回宾馆。

2017年4月12日0：15　保障船靠岸，机场人员和海上人员会合，合力将水下设备运上岸，两队人员一起赶回宾馆。

2017年4月12日2：00　水下设备运回宾馆，抢修物资也及时赶到，紧张的抢修工作正式开始。电学工程师迅速开盖、测试，定位电路打火原因。光学工程师检查各光学元件有无损伤，机械工程师检查设备密封端有无划伤。

虽然时间紧迫，但是大家临危不乱，各司其职。电学工程师很快定位到故障为某个电源模块过电流损坏，可能是因为水下平台供电不稳造成，立即着手更换；光学工程师检测到由于供电浪涌造成泵浦激光器损伤，输出功率下降，开始更换备用泵浦激光器；机械工程师负责更换新的密封圈，保证设备合盖后的密封可靠性。

时间一分一秒地过去，每个人都在有条不紊地忙碌着，直到东方慢慢泛起了鱼肚白。

2017年4月12日7：00　所有损坏的模块更换完成，设备准备重新合盖。此时所有人都已近24小时没有合眼，渐渐有些体力不支了。在合盖的重要关头，大家试了几次都不能完全密封，一直留有缝隙，而第一航次的时间又迫在眉睫。烦躁、焦虑的情绪渐渐弥漫开来，有人甚至打算用蛮力直接合上。这时候，领队让大家先停下，他仔细检查了设备，发现有一根电线卡在了密封圈旁边，造成了那一道永远去不掉的缝隙。将电线拨进去后，大家重新合盖，"嘭"一声清脆的响声，盖子顺利合上，没有留下一丝缝隙。

2017年4月12日8：00　设备通电，运行正常，装车前往码头。

2017年4月12日9：00　水下设备抵达码头，登上保障船，启航前往试验海域。

2017年4月12日13：00　保障船抵达试验海域，海上试验小组开始布放水下终端。

2017年4月12日17：00　水下终端布放完毕，上电后运行正常。留守宾馆的机场试验小组接到这一消息，长长舒了一口气。

2017年4月12日18：45　试验飞机准时起飞，开始第一航次的通信试验。三亚24小时，抢修成功！

三亚24小时，是一场争分夺秒的攻坚战，也是对蓝绿通信课题组七年磨刀利剑的检验。没有大家的团结、镇静、勇气，此次抢修工作就无法交上一份如此满意的答卷。

在上海光机所蓝绿激光通信二十年的发展历程中，课题组成员展现出了追求卓越、积极进取、开拓创新的可贵品质，用实际行动创造出一个个成就，用责任与担当攻克了一道道难关，用执着和坚守发扬了上光人的风采。

我们的征途是星辰大海，既然选择了远方，便只顾风雨兼程。

科研报大国，真情守小家

——

漆云凤

作者简介

漆云凤

　　1978年出生，2007年博士毕业于上海光机所，长期从事高功率光纤激光技术及其应用研究。现任高功率光纤激光技术实验室研究员。作为项目负责人先后承担完成国家863计划、973计划、国防创新特区、国家科技重大专项、国家自然科学基金等12项国家级科研项目。

个人感悟

　　科研报大国，真情守小家。

2017年起，我们高功率光纤激光团队开始承担重大的项目工程化任务，通过工程项目，将之前组内长期研究的光纤激光器技术应用到最终的装备研制与实际应用中。任务初始，困难重重，大家谁都不知道未来是怎样的，全凭一股热血拼搏。

这段经历让每一位团队成员都蜕了好几层皮。而几年后驻足回望，我脑海中浮现出的，不仅仅是实验室中连熬几天夜后的"时间错乱"，做梦都是工作的紧张与焦虑，外场40℃烫脚的地面，成群结队、嗡嗡叫着的蚊子……更多的是那一个个温情的瞬间，伴着爱情的萌芽、新生命的诞生、科二代的成长。

在我们团队中，有科研恋人，有科研爸爸，也有科研妈妈。在家庭里，他们有不同的身份，承担不同的责任；可在工作中，他们有一个共同的名字——中国科研人。与他们一样，团队中的每一位成员，都在用心平衡着工作与家庭，并且在很多时候舍小家，为大家，用行动诠释着"不负祖国不负家"的科研担当。

科研路上的"爱情故事"

2019年春节期间，浓浓的年味为一贯紧张的科研工作增添了一份祥和，天气还没有完全转暖，我们组的沈辉同志却悄然迎来了爱情的"春天"。

当时，我们正在与航天科工集团合作，希望完成性能更好的激光器的研制与生产。沈辉负责前期科学探索与研究。在之前研制经验的基础上，我跟他一起查找文献、反复试验，经过多次失败，终于克服了大模场光纤激光模式不稳定的难题，初步实现了设计目标，证明了方案的可行性与指标实现的可能性。在此期间，我也了解到他科研上攻坚克难、生活中收获爱情的故事。

沈辉是典型的理工"直男"，素来醉心于科研、性格内敛、少言寡语，在恋爱方面还是一片空白。有同事给他介绍女朋友时，他既兴奋，又忐忑，他担心难以如愿找到伴侣，也担心恋爱与即将启动的研发工作相冲突，无法兼顾。我鼓励他："科研与生活不冲突，大胆往前冲吧！"

春节后，工程任务又紧张地开展起来，每一个人的神经也仿佛紧紧绷着的弦。

虽然前期的实验验证，证实了我们的激光器能够满足功率性能要求，但是由于缺乏对光谱线宽的精确测量，输出激光光谱线宽超标。为解决这一难题，我们组织了多次专题技术研讨和方案验证，通过优化频谱控制和光学设计，在确保光谱线宽指标的前提下，实现功率的大幅提升，并满足宽波段范围内不通频点激光器的一致性和稳定性。

时间紧，任务重，我与组内同事，以及公司里配合工作的人员一起，不分昼夜，与时间赛跑，以实验室为家，一步一步对系统进行改进，并进行精心测试。当我们成功实现了任务指标后，大家的心情都宛如雨后彩虹般美丽，沈辉也害羞地跟我讲起了他这段时间的恋爱历程。

"虽然我们刚开始交流，但是聊天的时候非常轻松舒适。我给她发消息，讲最近的工作和生活情况，也分享了项目进展顺利的喜悦。我不擅长聊天，每次与她聊天也仅限于谈论工作，不会分享生活趣事。有时候同事打趣我说，这么聊天不行，应该幽默点，谈谈女生喜欢的逸闻趣事。可是性情使然，我也十分无奈。一起进行项目研制的同事像诸葛军师，经常帮我出谋划策。他们的有些建议我一开始听着觉得十分尴尬，不符合自己的性格，但转念一想，他们都是过来人，说的一定有道理，有时候就会去尝试。之后我们的聊天，尴尬情况得到了缓解，她似乎也明白我不善言辞。

经过几个星期的相互了解，我怀着忐忑的心情尝试约她出来见面。当时我们相隔2小时车程，她也十分理解我现在工作任务繁重，便提出在中间地见面。虽然工作十分繁忙，但我还是忙里偷闲抽出半天周末，和她相约在人民广场。初次见面，我远远地就认出她，紧张地走向前去，和她打招呼，介绍自己。她微微一笑，一下就缓解了初次见面的尴尬，我也放松下来。之后的聊天十分轻松，我们喝着香醇的咖啡，坐在幽静的公园里感受即将到来的春天的气息……"

4月的上海迎来了雨水季，空气清凉，微带湿润，春困使人略显疲惫，但新生事物也赶在这一时期蓬勃发展。紧张的工程任务在这个月进入了最后的装配、集成和测试验收阶段，生产车间急促的步伐，让人丝毫感受不到春光的闲适。项目性质决定，这注定是一个不平凡的过程。紧张的国际形势时刻提醒我们一线科研人员要迅速进步、提升本领、充实实力，保障国家安全，有效捍卫祖国的国际地位和话语权——这次的工程任务关系国家国防事业，这也是我们为此拼搏的价值所在。

最为紧张且繁重的工作进行到了激光器整机集成、系统性能指标调整和最终指标测试验收阶段。一共30台正样、4台备件的生产测试工作持续到了5月初，所有工程人员努力推进，有序完成手头的工作。沈辉在这个阶段主要负责机器性能调试与指标达标工作，要按照项目总体测试要求，对每台激光器进行光谱调整以满足项目需求，同时也要随时解决生产车间工人遇到的问题，以便他们快速完成装机测试。

繁重的工作压力下，沈辉与女朋友的沟通交流少了许多。偶尔也会在工作的空余时间一起吃饭，聊聊近期的生活趣事，久而久之，两人相处更加自然、融洽，对彼此的工作生活方式也日渐熟悉。她也能明白他所做的工作不仅仅是为了家庭富裕，更是为了技术创新和科技自立自强，是在为实现国家安全事业贡献力量。

紧张的时刻终究会过去，迎来的是胜利的曙光。最终，全部机器生产、交付完成，部分同事远赴外场进行设备安装、调试和系统测试，部分留守实验室继续生产和测试备件，并对测试数据进行系统整理，为后续科研工作提供有力的参考价值。工程任务结束后，在团队内部的分享交流会上，我们了解到他更多的爱情故事。

"端午期间，我带她去上海各大景点玩，留下了珍贵的记忆。我们一起去成龙电影艺术馆，体验成龙的人生轨迹和从影四十多年取得的骄人成绩；漫步南京东路步行街和外滩，感受上海最繁华的地带和改革开放的伟大成就；游玩上海野生动物园，体会大自然的奇妙与动物的活力。时间虽短，但我们留下了美好的回忆和一张张珍贵的照片，成为我难忘的经历。我们一同行动，一起体验生活，一起做晚餐，一起在雨中奔跑躲雨，一起观看漫威的科幻电影——6月是丰富多彩、绚烂多姿的时节。

接下来的时间，我又进入了漫长而细致的科研工作，探索新的方案来解决当前的关键科学问题。7月6日，我们正式确定了关系，我送给她一只可爱的皮卡丘陪伴她左右。之后，我们的工作与生活更加美好。工作上，我利用上半年的实验数据，总结了很多规律，建立了对关键物理问题的判定标准，同时解析清楚了这些问题的影响因素和改进方法。生活上，我们增进了感情，能相互体谅、彼此温暖。

疫情期间，我和她每天相互监督，我学习理论知识和仿真软件，她学习财务知识，准备考试；我们一同学习做菜，从一次次失败到最后能拿出几道美味佳肴，留下了诸多有趣的回忆。2020年10月，全国疫情缓解，在家人的鼓励下，我们喜结连理，这是我人生的一个新篇章，今后，我会不遗余力、努力奋进，用辛勤的汗水、细致的工作、体贴入微的爱与关怀，护好大的国，守好小的家。"

给小生命的"见面礼"

我们的团队不仅有收获爱情的科研小伙，还有初为人父的"科研爸爸"。

2017年下半年，团队承担了一项重要的工程任务，这是一次将我们多年的研究成果应用于系统的绝佳机会。但是，从论证到研制到装调集成再到走向PK的舞台，只有短短不到一年的时间。在面对这样一项时间紧、指标硬的复杂系统任务时，我们没有退缩。所有人都明白，这是一次证明我们技术实力的机会。在这个过程中，团队成员陈晓龙迎来了小生命的诞生。陈晓龙的爱人胡曼也是我们团队培养的博士，两人从恋爱到婚姻，始终幸福和睦。

2018年，随着项目任务的推进，激光器以及合成系统的光学结构件逐渐到位，实验室里的测试和预装工作也越来越紧张，几十台激光器需要测试，上百个光学元器件也都需要高精度装校测试。这是我们团队第一次面对这一功率量级，设计的光学器件能否满足工程可靠性要求，都是技术挑战。

工作时，陈晓龙就像一颗螺丝钉，哪个位置需要，就到哪里去：早上激光器测试需要人手，就去主动协助开机测试；下午端帽需要进行预穿套管装配，就去协助穿套管；晚上合成需要装调测试，就去协助进行装调和热像测试。此外，还有多项外协加工任务需要人员去现场进行沟通和协调，从上海往返其他城市，通常要在一天内完成，不能耽误第二天的后续工作。有几次出差，需要晓龙去现场协助第三方完成预装并带回这一批次的光纤器件，他都是清晨接到任务，立马带上背包，悄悄出门，只能在路上给爱人发一条信息："老婆，临时紧急任务，我需要出一趟差，晚上回家，今天你得一个人去产检，注意安全。"

2018年5月，我们迎来了一次重要节点。当时，各分系统初步测试完毕，要打包运往总体单位进行系统装调，陈晓龙也是前往进行装调的一员。时间紧迫，我们需要在系统中抓紧对大功率进行一次实际验证。然而，模块装调的空间十分有限，除去仪器设备，每次只能进去2～3人执行，而且如果要进去3人，必须得有一位身型较小的女同志，不然空间严重不足。不仅工作难度大、强度高，现场条件也十分艰苦，大家倒班后，只能找一个不影响其他同事工作的角落，抓紧时间就地休息，为下一次轮换恢复体力。

任务需要，在现场的相关人员需要避免操作手机，即便是吃饭时间，也因为信号微弱而很难和家人联系，说不上两句就断了信号，更不用说视频通话了。再加上团队人员有限，在装调空间内一蹲就是大半天，出来时往往已经是后半夜。陈晓龙和妻子仿佛生活在东西半球两个不同的国度，有着难以逾越的时差。

"晓龙，胡曼状态怎么样，我们争取早日完成任务，让你能赶上回去陪产。"临近预产期，这是我们和陈晓龙说的最多的话。虽然挂念妻子，但陈晓龙从未放松对工作的态度，始终怀揣着任务必胜的决心，全力以赴。其间，中心党支部书记朱小磊老师来到现场，带来了组织的慰问与期望，那时的陈晓龙，还处于入党积极分子阶段，大家围着党旗进行合影留念。回想起那一次合影时，陈晓龙说，那时的心中升起了一股熊熊燃烧的烈火，更加坚定了他向党组织靠拢的信念。

计划赶不上变化。一次午饭期间，陈晓龙接到了爱人的电话，早上的产检项目胎心监测并不理想，医生建议住院观察一周。由于家庭原因，当时他们双方父母都还没到上海陪护待产。听着电话那头爱人的哭泣，陈晓龙非常担心。我们安慰他要镇定，赶紧回去处理个人事务。当时正值系统装调如火如荼开展的时刻，陈晓龙也需要抓紧时间，他向团队老师请了一天的假，同时联系了家里的两位妈妈，请她们赶紧到上海协助。陈晓龙在医院陪护了一晚，第二天中午，等两位妈妈都到了医院，他与医生简短沟通后，又踏上攻坚的征程，赶回现场继续执行任务。

陈晓龙再一次回到装调的车间里，已经是后半夜3点半左右了，这一次，经过多天不间断努力，系统完成了初步修复，并进行了前往外场前的一次相对完整的出光测试。最后几天，我们进行了出外场前的最后修整。按照任务，到外场后，我们还需要抢时间进行一次系统装调，因此未来需要在外场出差近10天。

时间上离预产期越来越近，大家都很关心：如果因任务需要，陈晓龙在外场赶不上宝宝出生，将会是一生的遗憾。陈晓龙反倒安慰起大家，任务更为重要，家里的工作，两位妈妈会给予支持。

仿佛也是缘分，女儿是爸爸的贴心小棉袄，宝宝的出生不早不晚，正好在任务修整期。这不仅给陈晓龙的家庭带来了幸福喜悦，也给予了他极大的工作热情和动力。从陪产前夜到离开病房，陈晓龙在医院只待了约26小时，之后又赶回实验室。他说，他知道，当下，有更重要的事情在等待他完成。他的心中，不仅装着"小家"，更装着任务、装着"大家"。

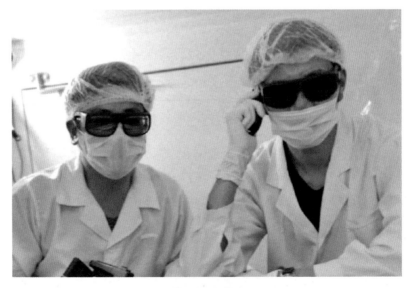

穿工装的你最酷

奋斗路上的风景

他和我们说到，能在不耽误任务的情况下陪着爱人顺利完成生产，在他回忆起来，是一段完美的衔接，仿佛宝宝知道，爸爸需要去完成更重要的任务，她要在合适的时间，来到这个小家庭里。在前往外场的飞机上，陈晓龙说，他要记录下雪山的风景，要把这一路的风景写成文字，作为礼物，送给长大后的女儿。

后来，经过漫长的飞行，我们到达了外场。外场的任务条件更加艰苦。大家实在困得不行了，就倒班席地而睡。当地的蚊子，数量繁多、个头巨大。大家都调侃说那是一次和蚊子相伴的任务。

夏季的外场，地面温度近40℃。在装调空间内，我们要非常小心，不能让汗水滴落到器件上，陈晓龙就用防尘围脖把自己包起来。装调工作一做就是半天，半天下来，整个人好像从水中捞出来一样。

我心向星辰——外场试验团队参观酒泉卫星发射中心

我们和沙尘暴做过赛跑，也在没有光污染的荒野仰望过无垠的星河。有一晚，完成任务已是半夜2点，陈晓龙回想起小时候，他和我们说，小时候，夏天晚上常常搬一张凉席躺椅到院子里，就可以看见银河，还能看到闪烁的卫星从夜空中飞过。那个时候，他的梦想就是长大了要当科学家，为我国的科学事业作一份属于自己的贡献。

"科研妈妈"特殊的爱

毛主席说过"妇女能顶半边天"，工程项目的顺利进行当然也少不了我们的"科研妈妈"。

全昭是团队内的"新手妈妈"，在项目任务最繁重的时候，她既承担了高功率光纤激光器预放相关工作，又承担起作为新手妈妈的职

新手妈妈与宝宝

责。在一次工会组织的户外亲子活动中，她带上了她的宝宝，我也了解到她和宝宝之间一些非常有趣的故事。之后，我请她分享一些心路历程，她充满爱意地给她的宝宝写了一封信，讲述在怀孕期间承担的保偏工程任务实施情况，在此分享给大家。

亲爱的卡卡宝宝：

你好！我是妈妈。现在的你正在香喷喷地睡觉，刚刚看到你在睡梦中突然笑起来，我忍不住爬起来提笔给你写这封信，并憧憬着你能看懂这封信的那一天，会是什么样的呢。

你出生在新冠疫情刚暴发、形势最严重的那段时间。到今天，妈妈成为妈妈也才15个月，但我总是忍不住会想，这么可爱的卡卡以后会成为什么样的人呢？我经常会翻一翻育儿的书籍，跟其他妈妈交流育儿心得，内心深处总有一些美好的愿望，希望卡卡能拥有所有美好的品质，过上自己想要的生活。可是人生不能一蹴而就，并且也没有一个确切的时间点需要检验你到底拥有哪些品质，所以这个课题很大、很深、很远，需要我们一起来用科研的态度认真研究。

对啦，妈妈是一个科研工作者，你是小小"科二代"哦！我们的工作就是以科学研究为基础，以国家需求为目标，不断提升创新能力，攻关前沿技术，重点解决国家战略需求以及国民经济和社会发展中面临的关键科学问题。具体地说，妈妈的研究方向是高功率窄线宽光纤激光技术研究。在你还在妈妈肚子里的时候，妈妈正在承担高功率保偏光纤激光器的研发任务，这个任务难度很大，持续了两年多的时间，也贯穿了你在妈妈肚子里的整个成长期，我这就告诉你一些趣事哦！

最初从医院得知你出现在妈妈生命里的时候，妈妈非常惊喜和兴奋，但也很陌生，完全不知道应该怎么办。这时保偏项目刚刚进展到第一批初样交付阶段，这是大家经过近一年的努力交出的第一批成果，需要接受总体单位的检验。我作为主要开发人员必须到用户单位出差、参与系统联调，发现问题并现场解决问题，也需要为后续样机的研发提供实践经验。出差，这是妈妈和卡卡遇到的第一个挑战。在咨询医生、查阅孕妇出行的注意事项、与爸爸商量之后，妈妈收拾行李出发了。妈妈不敢坐飞机，只好请同事一起坐高铁去往长沙。记得当时去火车站的路上还堵车了，我们就要来不及了，于是下车以后小跑了一段。为这段小跑，我还一直担心着，直到下一次产检一切正常才算安心。

这次出差经历，帮助我认识到了很重要的一点：我是孕妇，我很特别，但也没有那么特别。我的心态平和了很多，把重点放在了自己可以不可以，而不去关注应该不应该。只要身体允许，任何事情我都会尝试去做。在工作中，除了非常重的仪器设备如光谱仪等需要请同事们帮忙抬、高功率出光容易产生紧张情绪影响呼吸无法参加以外，其他事情我基本保证孕前做什么，怀孕期间还能继续做。写到这里，我非常想感谢领导和同事们对我的关心和照顾，让我经常感受到团队的温暖。卡卡长大了也一定会遇到可爱的人们的，对于始终关心我们的人们一定要长存感恩之心哦！

在孕中期，我的主要工作是根据总体单位联调情况对初样进行系统升级，提升保偏激光器的整体性能，包括光、机、电、热的升级策划和改造实施，有很多关键技术需要攻关。我们进行了大量的实验验证和测试工作。这一阶段，因为我们主要与飞博公司合作开发，基本上都是直接在飞博驻场。虽然每天都需要坐车往返，但是我把这看成是固定的运动，也不觉得辛苦。这时候的卡卡也很棒，没有给妈妈增加太多身体负担。那时候，攻克的一个又一个难题也让我特别有成就感和满足感。

在孕晚期，我的主要工作集中在制定样机批产标准和测试流程标准。制定标准时，既要考虑激光器批量生产的冗余度，又要保证每一台样机的光学指标合格，这很难。因为保偏光纤的熔接质量很难控制，尤其是有源光纤的熔接，需要数次尝试。此外，我们还要控制光纤长度在一定范围内，长度太短增益不够，激光功率无法达标；长度太长又会产生非线性效应，损坏器件。在与领导和同事们反复沟通、与飞博工程师们反复实践后，我们制定了一系列标准，固化了激光器参数。后来在样机批量生产过程中都没有出现颠覆性问题，证明了我们的设计思路和方向的正确性！

那时候已经是冬天了，我的肚子越来越大，在生活和工作的方方面面都越来越小心。我努力维持生活状态不变，在实验室里验证方案，在会议室里讨论技术细节，在家里做一些力所能及的家务，坚持每天给我和卡卡做晚饭，当然碗就留给爸爸下班回来洗啦。现在回忆起来，这种充实而规律的生活让我的整个孕期都保持情绪平稳、愉悦、满足，每一次产检结果的一切正常也让我心安且充满期待。

春节期间，国内新冠疫情暴发，全国进入了紧张状态，每天都有很多平凡而又伟大的事情发生。节后，我们家也顺利迎来了宝贵又可爱的卡卡宝贝，身份的陡然转变让我忙碌了好一阵子，幸好有家人的支持和帮助，把卡卡照顾得特别好，我才有时间好好休息调整。在产假期间，保偏项目转入了批产阶段，我偶尔会接到项目进展的消息，通过视频和电话了解情况，商讨问题，也积极帮忙寻找解决方案。当时，大家一起努力克服困难，保证了项目交付的时间节点，最终项目指标顺利验收。

回忆到这里，妈妈似乎知道了在卡卡的成长过程中应该扮演什么角色，那就是陪伴，而且共同成长。妈妈一直相信言传身教的力量，因此每当遇到困难，我都会想，以后卡卡也可能遇到类似的困难，我希望他能积极面对，克服困难，那么我首先自己要做到。妈妈希望卡卡能努力进步，那么我自己要先努力进步，给卡卡做好榜样，所以我申请攻读博士学位，在家人和领导同事们的支持和帮助下，我会继续努力工作，积极生活，希望卡卡看到这样的妈妈会感到骄傲和自豪。

就先写到这里吧，未来的每一天爸爸妈妈都会陪在卡卡身边，期待你以后也成为科研工作者，为祖国的发展贡献力量。祝愿你健康快乐成长！

永远爱你的妈妈

2021 年 5 月 16 日

将我们的高功率光纤激光系统带出实验室，走向它应该去的"战场"，是多年来从老一辈科学家那里传承下来的梦想，是我们这个团队最早建立起来的初心，也是我们一直在做的事情。

在王之江院士的倡导下，上海光机所于国内率先展开了高功率光纤激光技术研究并持续立足学术技术前沿。到今天为止，高功率光纤激光实验室面向国家重要需求，以高能光纤激光技术为重点并同步发展多种先进全固态激光及应用技术，联合室内外的力量开展材料、器件、系统等核心关键技术攻关，已形成了较完整的研究链，可为大型激光工程和高端科研任务提供解决方案，并为激光智能制造产业的发展提供技术支持。

科研人员也是人，也有七情六欲，有家庭、有亲人。取得今天的成就，我非常感激团队成员们"舍小家，为大家"的精神。正是有这些可爱的成员们，我们才凝聚了一支团结奋发、不惧挑战、勇于承担的"尖刀"队伍。在承担科研工程项目的时候，他们用忙碌的身影、忘我的投入，诠释着新一代科研工作者全力以赴、攻坚克难、勇攀高峰的精神！

党旗引领，勇攀高峰——外场试验团队成员照片

我与科研共成长

——

杨巨鑫

作者简介

杨巨鑫

　　1995年出生，2019年南京信息工程大学硕士毕业，主要从事激光雷达的仿真、研制和定标工作。现任航天激光工程部工程师。参与星载大气探测激光雷达（ACDL）、机载大气探测激光雷达等的研制。

个人感悟

　　自助者天助。

2017年，我还在读研一。3月的一天，已经过了晚上11点，一条微信消息打破了我内心的平静，一个新选择摆在我面前——去上海光机所参加客座实习。

一边是我已生活了快五年的南京和南京信息工程大学，那里有很多认识了快五年的玩伴，熟悉了半年的项目；一边是完全陌生的研究所，没有熟悉的朋友，课题和项目都是全新的。思考了半个小时，我决定，跳出舒适圈。

那时的我可能想象不到，我的人生轨迹会因此发生怎样的改变。

初入上光

化用名著《百年孤独》的开头——多年以后，在闷热的飞机机舱里调试相干测风激光雷达时，被称为"杨工"的杨巨鑫，会想起那个遥远的下午，此刻的直系领导，彼时的偶像竹孝鹏老师，亲自去上海光机所门口接他。

当时，航天激光工程部还只是空间激光工程部，竹老师还没加入ACDL项目组，悠闲地在干着测风的项目，ACDL电性件刚刚起步，ACDL机载也刚刚起步。

开始一段新的生活，融入一个新的集体，总是有点困难的。这里感谢孟佳同学，在我来到了五楼办公室的第二天，主动"搭讪"了我，帮我融入了五楼的学生团体，以及空间激光这个大家庭。当时的大师姐杜娟喜欢组织学生"包下"五楼的大会议室一起玩狼人杀，大师兄张宇飞则喜欢"摇人"一起玩得州扑克、打羽毛球。当时我的膝盖还好着，还能经常在绿茵场挥洒自己的汗水。

生活逐渐回到正轨，看似归于平淡，但工作学习却都在紧张地推进着。ACDL机载小组逐渐组建起来，项目总负责人和负责人，分别是我在上海光机所和南京信息工程大学的导师刘继桥研究员和卜令兵教授。光学的设计师杨彬带着有着"上光一枝花，空间董俊发"之称的董俊发、王勤和我这三个新手开始光学装校。

血泪教训中积累经验

搞科研、干工程，都是冷暖自知的事。经常的情况是，当你觉得一切顺利的时候，突然就被泼上一盆冷水，就好像项目在对你说："我要我觉得顺利，不要你觉得顺利。"

正当我们在给ACDL的机载缩比模型有条不紊地"搭积木"时，意外突然到来——在为期一天的高低温循环试验后，大约三分之二的光学元件出现了不同程度的裂纹。这宛如在我们头顶的晴空炸开一声震天响的霹雳。

但我们没有被困难吓倒。接下来的一个月里，我们进行了"技术归零"，优化点胶工艺、结构设计和镜座材料。终于在第四次试验中，圆满完成了温度循环。

于我们而言，每一点一滴的经验都来自血泪的教训。机载的激光器是李世光师兄和张俊旋师姐搭建出来的，当时没有任何工程经验的他们，分别在两次力学试验中震下一颗螺钉、一个光楔的结构件，给激光器拆盖时，两人的脸都绿了。

更"惨"的还在后面——在给激光器充干燥空气前，必须要给激光器抽真空，而因为屡遭封盖前的酒精擦拭，密封圈变长了，这直接导致激光器的气密性变差。后来有一回，愣头青的我推着激光器去别的楼做力学试验。当时上海正处于盛夏，水汽丰富，楼里楼外又温差巨大，导致激光器刚出9号楼，表面就凝结了一层细密的小水珠。虽然整个试验过程中没出现任何问题，但实在让人捏一把汗。要知道水汽常常可以直接"杀死"一个激光器。

时光在不断进行的装校和测试工作中悄悄溜走，不知不觉间，我已经在9号楼旁的"小窝"里度过了一整个夏天。由于长期处于干燥的实验室，腿上接连蜕去了两层皮，但好在付出总有收获，经过我们的努力，"饱经风霜"的激光器终于变成了一个完整的雷达。

也是在这个生机盎然的夏天，团队里迎来了"新鲜血液"——徐俊杰师弟，同时，朱亚丹师姐也休完产假回归了。至此，机载小分队终于成形，还一起踏上了为期几个月的外场试验之旅。

起初的一两个月里，我们都在一楼垂直观测大气，并随缘等云。2018年11月底，整套系统被搬上了9号楼楼顶的小实验室。不幸的是，在搬运过程中，此前在实验室调好的光轴发生了偏移。在出发的日子不断逼近的背景下，我们只能继续加班加点地进行装调。

谁知祸不单行——在距离出发还有两天时，我们在调试时不小心带电拔下了探测器的同轴电缆线，导致同轴电缆线的头部从高处甩了下来，正巧打在了开关电源上，造成短路，整层楼的电都跳闸了。万幸，只是导致整套系统同时断电，没出大问题。

我们抓紧时间调试，结束时已经凌晨3点多。在橙色的夜空下，发哥用手机拍下了下面这张照片。

团队合照 从左向右依次为：董俊发（已毕业）、朱亚丹（已毕业）、胡文怡（已毕业）、王勤（南京信息工程大学）、刘继桥、徐俊杰（已毕业）、杨巨鑫、杨彬（原南京先进激光技术研究院职工）。

磕磕绊绊中前进

王勤师弟辛苦地押车，带着一车厢的设备穿行了半个中国，终于来到了航天城——西安阎良。到达西安的第一晚，天空就飘起了雪花，似乎在提醒着我们这一次任务的曲折。

经过1700多千米的跋涉，雷达也经历了"充分的"力学试验，但所有人心里都没底。果不其然，刚到试飞院没多久，激光器就给了我们一个"下马威"——出光光轴偏了。但好在我们还有李世光师兄和张俊旋师姐。在他们的千里驰援下，问题顺利解决。

时间的脚步逐渐走到12月中旬，天气渐冷。这时，零下7℃的温度变成了最大的问题，当我们将雷达搬到室外时，工控机被冻到开不了机，水冷箱的作用从降温变成了升温，激光器能量也直往下掉。而我们也好不到哪里去——工作日，暖气下午5点就停止供应，周末则不供应暖气。为了取暖，我们买了两台"小太阳"，但还要分出其中一台肩负起给设备升温、使其正常开机的使命，时间就这样在难以驱散的寒冷中变得难熬起来。

但我们一刻也不敢放松。为了节省时间，每天中午都是吃朱亚丹师姐和胡文怡同学在宾馆提前订好的饭。最初订的是白米饭，虽然有她们二人亲自护送，但由于天气实在太冷，原本热腾腾的饭在送达时基本都凉了。后来，为了能吃上一口热乎的，我们换成了订炒饭，结果热量摄入过了头，一群人都胖了。

准备装机前的最后一晚，我和发哥留下来熬了个通宵测数据。那一夜非常难熬，时不时需要到零下十几摄氏度的室外查看雷达是否正常工作。为了走线，窗户也留着10厘米宽的缝，没有暖气的室内，我们只能靠一个"小太阳"和需要不停煮沸的热水壶来取暖。

雷达装机完成后，工作地点再也不是楼内或者机库内，而是变成了室外机场。寒风凛凛的冬日里，停在跑道上的飞机在经历了彻夜的低温后，即使在太阳底下，也需要很长一段时间来恢复舱内的温度。装机后天气越发寒冷，工控机无法启动，幸好有陈晓师兄亲自从上海带来的一台新工控机。在我们的齐心协力下，激光器软件的移植也顺利完成。

任务的"进度条"就这样在磕磕绊绊中往前推进着，终于有一天，我们成功解决了所有问题，也具备了飞行条件。就在这时，突然一场大雪降临，整个机场跑道被茫茫的银装包裹起来，我们无法再进行调试，索性给自己放了个"小假"。一大伙人蹦蹦跳跳来到雪后的试飞院，前往唯一可以拍照的"功勋园"，留下了张合照。

雪后的某天中午，机组突然通知说马上要进行平台检飞，需要我们派人上飞机，实时查看飞行过程中吊舱内的温度。我自告奋勇，保险也没买、午饭也没吃，就独自上了飞机。等待起飞的那段时间无比煎熬，才十来分钟，我就紧张地想上厕所了。上完厕所回来后再等了十分钟，我又紧张到想上厕所，看到舱门还未关上，正准备"故技重施"冲下飞机时，机务突然挡住我的去路，把我推回了气密舱，这时，舱门才缓缓关闭。原本以为起飞后我还是会一直紧张着，但看到我们的飞行员如此优秀，所有对未知的恐惧就都烟消云散了。

兜兜转转，时间已来到了农历己亥年的春节。春节后，我们又早早地返回西安，元宵当天赶着场子，前往有着"大唐灯具城"之称的大唐不夜城。彼时的大唐不夜城刚刚改造升级完毕，院里刚好在进行"带着院徽去旅行"的活动，便有了这张带着院徽过元宵的照片。

带着院徽去旅行（董俊发拍摄）

2月底3月初，终于彻底具备了飞行试验的条件，我们转场去往山海关进行飞行试验。学校突然通知一周后进行预答辩，花一周时间写完毕业论文后，我回到学校答辩。时逢基地停飞整改，我们一两周飞完了所有的试验架次，这也是我的一个遗憾，没能在山海关上飞机，在此也对在航空报国的过程中献出生命的烈士们致以最崇高的敬意，是你们铺就了中国的通天路。

至此，前后三四个月，大气机载第一次外场试验，在磕磕绊绊中结束了，那些遗憾，都是为未来的圆满留下的伏笔。

梦想与未来

还记得小时候的梦想吗？那时，我怀揣着关于天文、航天的梦想，希望自己长大后能成为一名科学家。这一目标从未改变，选择攻读博也可以说是成为一名科学家的必经之路。

就在这时，我很遗憾地没能考上博士研究生，如同一盆冷水劈头盖脸浇下来，却并没有浇灭我的科研梦。重拾心情后我决定选择留所工作，毕竟这是一个离科学家更近的地方。

毕业前的4月，我去新疆天文台南山观测站外场试验，李佳蔚师兄带着我和徐俊杰师弟前去试验，巍峨、圣洁的雪山让我兴奋不已。我们在走路微喘的南山上度过了没有手机信号的两周，从小小的屏幕中挣脱，也见到了更多别样的风景——那儿有林海、刚刚泛绿的雪山、清晰可见的银河、随处可见的大型射电望远镜、诡变的天气……我们还学会了轨道报的制作以及如何跟瞄我们的目标卫星。

时光荏苒，入职已经快满三年，初到上光所竟然已是五年前的事了，我与ACDL项目的不解之缘也越来越深。从入职时参与鉴定件的测试，到后来参与了正样的研制，数不清的加班和通宵、一次次血和泪的教训，都是我成长中的催化剂。真的要感谢亦师亦友的竹老师，给予我陪伴与支持。

经历过外场试验，才会知道在什么是"叫天天不应，叫地地不灵"，优秀的设计师能让人少走太多的弯路。很庆幸我们接收光学单机拥有两位非常优秀的设计师张晓曦和周国威；很庆幸我们单机拥有特别能吃苦、特别能战斗的邓宇欣，在他的修磨下，结构件才能更完美地匹配光轴；很庆幸有朱亚丹师姐和朱首正师弟，一起进行枯燥的定标测试，进行海量的数据处理。正是我们所有人拧成了一股绳，在竹老师的带领下，接收光学单机最先交付。

在ACDL正样交付验收阶段，机载校飞又被提上了日程，当我再捡起这套系统时，又是一阵头大——最重要的一个探测器要换。一种孤立无援的无助将我团团包围，光学设计师离职了，结构设计师离职了，电子学设计师离职了，探测器的电子学设计师离职了，发哥毕业了，编写了软件的徐俊杰毕业了，朱亚丹师姐也忙于毕业论文，只剩下王勤师弟还相对熟悉一点，带着一帮新丁——朱首正师弟、樊纯璨师弟以及夏腾腾师妹，开始了机载系统的恢复之旅。在张晓曦的协助下，我们更换了探测器以及探测器供电，使得在外场出现离奇现象时避免撤场的风险，在周国威的优秀设计下，安装一步到位。在邓宇欣的协助下，繁重的装机工作也变得简单了。

依然是西安阎良装机，依然是王勤师弟辛苦押车，依然是烈日炎炎，狭小的机舱像是桑拿房，装机时恨不得赤膊上阵。

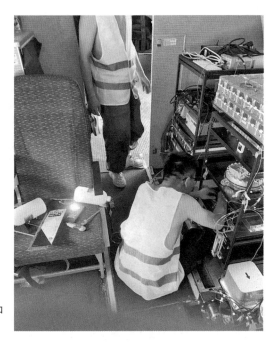

**赤膊上阵的樊纯璨（上）和
王勤（下）**（杨巨鑫拍摄）

    同样的"功勋园"合影留念，拍照却有了种物是人非的感觉。

    看着这一套系统在重新装调下恢复所有的功能，展现出更加优异的性能，我在一瞬间感觉到，系统在成长，我也在成长。而我与科研，早已融为一体，在未来的日子里，继续彼此护航、共同成长。

浸着桂花甜香的梦

—— 杨 燕

作者简介

杨 燕

　　1970年出生，1992年入职上海光机所，现为航天激光工程部高级工程师，长期从事电子学的设计研发，也是北斗导航项目攻关尖刀连、大气环境星激光雷达项目攻关尖刀连的骨干成员，承担了部门所有型号项目的电子学方面的研发任务，为型号项目的顺利进行提供了有效的技术支持和保障。

个人感悟

　　回想很多次外场试验经历，虽然当时有痛苦，有挣扎，有彷徨，但是一切的经历都是值得的、最好的，都是我的人生财富！

童年的发问

我是上海本地人，小时候和妈妈坐公交车，经过上海光机所门口的时候，看到高高的院墙和关着的大铁门，还有站岗的保安，感觉这是个隐秘而充满威严的地方，就问妈妈这里是做什么的。当时，妈妈也不清楚，旁边的叔叔听到我们的聊天，凑上来说"小朋友，这里是保密单位，里面做的都是好东西呢"。一阵微风吹过，院墙内阵阵桂花香飘了出来，"里面这么香，一定是做饼干的。"我稚言稚语。在20世纪70年代那个物资匮乏的时期，对一个几岁的小朋友来说，香香的饼干那可是顶好的东西呢。

随着慢慢长大，每次坐公交车路过上海光机所，总是不经意地伸长脖子想往里面探探。那时，偶尔听说上海光机所是研究激光武器的。什么是激光？什么是激光武器？这些对我们来说只能在科幻片才能接触到的东西，更为上海光机所披上了一层的神秘面纱。

抉择之间

1991年12月，我即将大学毕业前夕，上海光机所来我们学校招人，老师挑选了几个学习好的同学去面试。那时的我对上海光机所的认知就是科学家所在的地方，里面到底研究啥并不知道。抱着好奇且憧憬的心情参加了面试，我幸运地通过了。

之前，大学生毕业都是服从国家统一分配，我毕业这年开始允许双向选择。当时我还拿到了另外两家单位的入职通知。一时间，不知要去哪里。

去咨询班主任，班主任说："上海光机所是科研单位，去那里工作，你能获得更大的提升，对你以后的发展肯定是有帮助的。"又去征求亲朋好友的意见，虽然大家都不是很清楚上海光机所里具体是做什么的，但身边所有的人都一致认为这是一个好选择。

大学的最后一个学期，我进入所里参加社会实习，并完成毕业设计。初到，了解到上海光机所1964年成立，主要研究各类激光器。

所里有近千名职工和学生，但平时上班时间，院内看不到几个人在外走动，大家不是在实验室埋头做研究，就是泡在图书馆潜心查资料。20世纪90年代初，刚有电脑，但没有像如今一样发达的网络，所有科学前沿资料，都需要查找各种文献获得。外人眼里所谓的"一张报纸一杯茶"的场景，应该是科研人员在图书馆潜心查找资料的景象吧。

当时，我所在的研究组承担的项目是：铜蒸汽激光器应用技术的研究。通过老师的悉心指导，顺利完成了毕业论文，那篇论文还被学校评为优秀毕业论文。

1992年7月，大学毕业后，我入所报到，开启了人生、事业的新旅程。

收获成长

在所工作了30年，我一直被所里对科学研究实事求是、一丝不苟、兢兢业业、不断创新的精神感染和鼓舞着；科学研究不是一蹴而就，需要不断尝试，不断验证，不断创新。只有耐得住寂寞，守得住清贫，不忘初心，不断前进的人，才能成为一名合格的科研人员。

我们部门做的第一个航天项目是第一台应用于空间的固体激光，为嫦娥一号提供测距信息。

这台固体激光在研制过程中碰到很多困难。由于团队是第一次接触航天设备的研制，在研制中需不断摸索、研发、改进空间特殊场景对应用的要求。

当时承担主要研制任务的科研人员把自己关在一个新建的小小超净室里，天天调试光路，解决一个又一个冒出来的问题。

产品基本完成时，出现了一个奇怪的现象——光路今天调得好好的，隔一晚，第二天再去测试，输出的光功率就不对了。交付的截止日期就在眼前，大家都很着急。领导看到了大家的焦虑和开始浮躁的心情，鼓励大家说："既然问题能重复出现，就说明一定有明确的原因，只是我们还没找到这个设计的缺陷，大家重新复核光学、机械、电子学所有的设计，一定能找出问题。我们的设备在上天前发现问题，都是好事情，是给我们机会去解决它，是为了让我们的设备在天上能更出色地完成任务。"

经过几天几夜连续、细致的排查，终于发现了问题。原来是安装激光器的结构件刚度不够，调试好的激光器在用螺钉拧紧固定的过程中，其结构底部发生了微小的形变，激光器受到应力，导致输出的功率慢慢发生了变化。问题终于解决了，大家感叹搞研究真的需要细心、耐心和恒心，可谓是差之毫厘，则谬之千里。同时也要有强健的身体来熬过一个个不眠之夜，要有强壮的心脏来承受一次次失败的打击，要有坚定的信念一遍遍地鼓励自己，更要有真正高超的理论知识和实际经验，才能带领团队走出困境，奔向光明。

嫦娥三号的三维成像光纤激光器，是我国第一台应用于空间的光纤激光器。其在嫦娥三号落月前扫描月球表面的三维图像，为嫦娥落到理想的相对平坦的月球表面提供信息。

嫦娥三号三维成像光纤激光器产品已经完成了空间应用相关的要求试验，做完力学振动试验后就可以交付了。当时，已接近年关，课题组的成员都信心满满地想着年前交付产品后，大家可以开开心心回家过年了。

始料未及的是，激光器完成力学振动试验后，复测时发现产品性能异常，激光输出消失，课题组成员的心情一下跌到谷底。到底什么导致其损害呢？大家对之前预判可能会出现问题的点一一进行了排查，并未发现问题。小组成员开展讨论，认为之前的关注点已反复试验确认，那么出现的问题的点一定在我们认为不可能的地方。全组人员又仔细地对整个链路进行了重新梳理，特别是之前认为不可能有问题的地方进行了反复的验证，终于发现产品中一个激光的隔离器对振动比较敏感，在振动过程中不能起到很好的光隔离作用，导致激光器出现了损坏。

修复完产品，已是小年夜的下午四五点了，组员们一心想验证优化后的产品能否抗住振动。但这时所里已经放假了，联系力学试验的操作人员时，他已经到火车站了，马上就要坐车回老家过年。他一年都没回家，春运的火车票很难买，补不到票了。大家都很为难。

我们和领导反馈了信息，申请当晚做力学振动试验，同时表示如果还是通不过，我们就不过年了，在所里把问题解决好再回家。领导大力支持，我们马上联系了力学试验的操作人员，请他回来帮我们做这次振动试验，并承诺尽快安排他回家，保证不耽误他和家人的团聚。

晚上，大家在振动实验室紧张而有序地工作着。经过$X/Y/Z$三个方向的振动，激光器工作显示正常，大家都很开心，还和力学试验人员开玩笑说：你今晚回来就是个大功臣，今晚圆满完成试验，我们明天就能交给总体单位了，没有拖项目的节点，更重要的是明天晚上大家都可以回家啦。虽然有的同事赶不及和家人吃团圆饭，但是还能赶上大年初一给长辈拜年呦！

北斗三号激光终端首次实现了我国导航星间高速激光通信和激光测距一体化。

2019年11月23日，我们的产品随星成功发射，我有幸见证了卫星发射的那一刻。卫星发射的那一刻，参观发射的人群激昂地唱着国歌，由衷地为我们的祖国骄傲，为我们是航天人骄傲！

西昌卫星发射场内的一个参观点（2019年10月24日）

经过近20年的航天型号项目的研究工作，我们的激光器遍布嫦娥工程、量子通信、北斗通信、空间站、天问一号等国家重大工程项目；从地球到月球、火星，从地面到宇宙空间轨道、空间站、海底，我们的激光器正奔赴星辰大海，演绎着激光从未有过的绚丽之光，科学之光。

现在有时碰到老朋友或老同学聊天，大家会问起："哎，你们上海光机所到底是研究什么的？你在里面做什么啊？"我会自豪地回答："我们所里研究的都是科学前沿的项目，有些是国内、甚至是国际第一或领先的呦，不过很多项目都是保密的，具体不能告诉你。"每当这时，大家都会投来赞许和佩服的目光，竖起大拇指给一个大大的赞。我为自己是上海光机所的一员感到骄傲和自豪，工作30年，我收获满满。

西昌卫星发射场参观台（2019年11月23日）

虚惊一场

有一次，我和部门同事高敏在从外单位开会回所的路上，讨论着刚才会上的内容，突然手机中跳出信息：我们部门所在的9号楼发生火警，大家被要求先撤出大楼，警报解除后再回到工作岗位。

高敏一下子就焦虑起来，"哎呀，我电脑还在办公室，如果真烧起来了，怎么办啊，我这几年所有的设计工作都在电脑里，如果没了，我怎么办啊，项目肯定来不及完成了。""不行，不行，师傅你开快点，我要回所里。"高敏着急地对司机师傅说。当时我心里也很着急，但只好故作镇定说"应该没事，只是通知大家先撤离办公区域，没说火情怎么样，如果真的火情严重，微信群里肯定会报的，我们反正离所里也不远了，一会就到所里。"怀着忐忑的心情，我们都觉得时间好慢，终于到了所里，奔到9号楼，高敏想直接冲到办公室去拿他的电脑，旁边的同事连忙把他拉住，"还没通知可以进大楼呢"，"我电脑在上面，就去拿一下电脑。"高敏着急说。"虽然现在没看到大火和浓烟，但火警响了，领导为了大家的安全，让大家先出来，你现在进去不安全，一会排查完就可以上去了。"同事安慰道。大家仰着脖子，看着自己的办公室，等待着通知。

还好，只是虚惊一场，火警很快解除了。大家陆续回到大楼。我们冲上楼来到办公室，看到自己的电脑安安稳稳在办公桌上，一颗悬着的心终于放下了，如果电脑真的受损，会导致所承担项目的资料丢失，将无法按时交付载荷任务。高敏危急时刻不考虑自己的个人安危，只想着不能丢了资料，不能给项目带来损失，大家对他的敬业精神都由衷地敬佩。

小小遗憾

在所里工作了一段时间后，深切感到要在所里干好工作，需要提高自己各方面的修养和能力。于是我在1999年报考了上海交通大学的自学考试。那时，孩子还小，我每天晚上等孩子睡着后，再拿出书本开始学习，一般都要学习到午夜；周末，坐上公交车，穿越半个上海去上课。经过四年的努力，完成了专业考试和毕业论文，成为班里50多名同学中第一个申请毕业的学生。当时要拿学位证书，必须通过全国大学英语四级考试，没有英语四级的成绩，学校不发学位证书，只发学历证书。

那时，部门正与中国科学院光电技术研究所合作一个空间型号任务，主要完成激光动态测量距离。我们项目组成员就三个人，一个负责光学、一个负责软件、我负责电子学硬件的工作。黄金铁三角，少了谁项目都推进不下去。

英语四级一年有两次考试机会。第一次英语四级考试时，我正和同事与中国科学院光电技术研究所的同志一起调试激光器。当时想，反正今年还有第二次机会，最近工作忙得天天加班，索性这次就放弃考试，安心干活。

谁知历史重演，第二次英语四级考试前，我已经出差半个月，计划这次一定要回上海参加考试，否则学位证书就泡汤了。

但当时正在紧张地进行外场动态试验，不是找两个高高的山头，测量一下激光测量距离的精度；就是找个没有人的地方，用一辆小车，车顶装个激光反射器，让小车跑起来，我们激光去快速地抓到光反射器反射回来的激光，并不断地测出其与小车的距离。

项目进度异常紧张，整个团队都在外场艰苦的环境下抓紧试验着。在试验过程中需要我们一直在岗，实时监测数据和调整状态。如果我请假回上海，那么就意味着外场试验要中断几天。

型号任务的特殊性，我们都很清楚，经过激烈的思想斗争，我还是放弃了回上海参加考试。坚持在成都完成了外场试验，顺利通过了验收。

对于辛苦了那么久，最终没能拿到学位证书，这些年心中总有小小的遗憾。虽然学历、学位很重要，但学历和学位并不代表一切。四年的学习，学到的专业知识对我业务能力提升有很大的帮助。现在的工作，每天都有新的挑战，每天都在不断地学习；活到老学到老，只有不断地学习、进步，才能跟上技术发展的步伐，更好地匹配工作需求，实现自己的人生价值。

从嫦娥五号到北斗三号，再到大气环境星激光雷达，大大小小的项目都活跃着我们团队的身影，我们承担了所有型号项目的电子学方面的研发任务。30年后，站在人生的阶梯上回望，原来，我一直在这片土壤上浇灌、培育着童年那个润着桂花甜香的梦，而这片浸泽清香的土地，也在不知不觉中浇灌了我的感动与成长。我会继续保持这份热情与努力，继续贡献力量，走向"我国空间激光技术的自主可控"这个更远的远方。

西游·筑梦

————

杨依枫

个人简介

杨依枫

　　1987年出生，2015年于上海光机所博士毕业，主要研究光纤激光非线性效应及光纤激光高功率合束技术。现任高功率光纤激光技术实验室副研究员。主持国家级科研项目2项、省部级科研项目1项，作为骨干成员参与科技部重点研发专项1项。

个人感悟

　　君不见长松卧壑困风霜，时来屹立扶明堂。

2021年3月18日，早上8点多，城市还没有完全苏醒，芬兰赫尔辛基万塔机场候机厅巨大的落地窗外已经大亮。远处，北欧的崇山峻岭覆盖着皑皑白雪。

我戴着口罩和护目镜，面对着落地窗坐在长椅上，手里捧着一杯黑咖啡。伴着呼吸，护目镜上起了一阵又一阵白雾。候机厅广播里循环播放着"为遏制新冠病毒的传播，若您突感身体不适，请速到隔离点接受检查"。

我正准备搭乘芬兰航空自伦敦转机上海的航班，踏上回国的旅程。到那天为止，我在异国他乡已经度过了13个月。在英国担任访问学者的这一年多时间里，由于全球疫情的暴发，一切都显得那么与众不同。

也正是这一年的西游中，我构筑了一生致力于科研的梦想。

疫情"阴霾"笼罩

"杨依枫先生，恭喜您通过专家评审，获得国家公派出国留学资格！"2019年春天的一个早上，我浏览邮箱时发现了来自国家留学基金管理委员会的一封祝贺信，内心充满了兴奋和感激。对一名在中科院系统的科研人员来说，这份祝贺信是对我原创能力、科研能力的肯定，也是一次为自己"充电"，回国继续发电的机会。我的访学目的地是英国南安普顿大学光电子研究中心，那里是光电子行业的圣地，也是无数同行梦寐以求的地方。之后，我为访问做好了充足的准备，赴英的机票也订在了2020年3月初。

计划赶不上变化，一场突如其来的疫情，打乱了我准备了好久的访学计划。英国航空在2月首先宣布与中国暂停直航，多所学校都要求中国学生暂缓赴英，我的英国之行变得扑朔迷离。

终于挨到了2月下旬，在14亿国人的共同努力下，疫情逐渐稳定下来。我的英国导师了解到我身处上海，没有去过其他地方，便欢迎我早日前往英国。

2020年3月4日，我乘坐东航从上海浦东直飞伦敦希斯罗的航班离开祖国，踏上赴英访问之路。入关后，我很快就搭乘公共交通到达了南安普顿大学。下了公交车以后，我发现街上的行人悠然自得，没有一个人戴口罩。后来才知道，其实3月4日左右，英国已经有相当多的人感染了新冠，只不过当时没有检测条件，无法对感染人数进行统计。现在想想还是有些后怕，也又一次感受到祖国给国人提供的满满安全感。

空中俯瞰伦敦温布利球场

英国疫情暴发前，希斯罗机场
入境通道人头攒动

南安普顿港风光

初来乍到，我的心情非常激动。怀揣着"西天取经"的念头，收拾好住处后，第一时间就来到了南安普顿校园。南安普顿大学是百年名校，红砖黑瓦的老建筑让我感受到了浓浓的学术氛围。我在心里默默立下目标，一定要在这里打磨出真功夫，夯实内功，一年后报效祖国。自此，我就开始每天在哈特利图书馆埋头苦读，寻找本行业书籍，记录重要内容。

可惜好景不长，从3月中旬开始，英国迎来了新冠的第一次大暴发，新冠疫情席卷欧洲、席卷英国，英国感染率直线上升。大量患者迅速击溃了英国国家医疗系统（NHS），很多医生和护士都感染了。英国政府只好启动了全国封锁lockdown，在封锁期间，除了必需品商店以外，酒店、咖啡厅、理发店、游乐场等都必须关闭，每个人除

南安普顿大学校园风光

南安普顿大学具百年历史的图书馆——哈特利图书馆

了购买必需品都必须待在家里。这时的我刚刚在学校学习了两周,所有工作便被迫转为线上,我和同事们只好把电脑和资料都搬回家,在家远程工作。

英国的气候潮湿,天气多雨水。没出两三周,我就感到了深深的孤独——身边没有一个说话的人,终日面对着自己的电脑屏幕;很少上街,只有去超市买东西的时候才能短暂地出门放风一会;因为长时间坐着不运动,也没有什么消耗,常常早饭吃完坐在电脑前,再站起来已经是下午五六点;甚至晚上睡不着,白天睡不醒,整个人变得非常颓废,变得拖延工作,害怕社交,把自己隔离在一个狭小的空间内不和外界沟通。每周和导师的视频组会,也常常由于工作效率提不起来而无话可说。那时候我才发现,原来有些时候心理健康比身体健康

lockdown期间，电脑竟成了我最好的朋友

还重要。

宅家生活为我提供了大把的时间，正是在理论方面攻坚克难的好时机。

我所从事的光纤激光领域，理论较为艰深，我索性利用这段时间，攻克多年以来困扰我们的"受激布里渊散射时域分析"难题。在光纤激光领域，受激布里渊散射是影响激光输出效能的重要因素，需要多种方法对其进行抑制。受激布里渊散射在光纤中的动力学过程一般都是在频域中完成，时域动态过程尚缺乏完整的分析。而在常用的基于伪随机序列相位调制的受激布里渊散射抑制方案中，对受激布里渊散射时域过程的理解至关重要。因此，我在导师约翰·尼尔森教授的指导下，瞄准相位调制光纤系统中斯托克斯光的时域过程，力求建立一个受激布里渊散射时域过程的分析模型，对相关参数进行优化。

理想很宏大，现实却很残酷。对于斯托克斯光的时域分析，文献资料并不多，并且好多都是20世纪八九十年代的。我只能在茫茫的文献海洋中苦苦搜索，不论是信息论的还是数学的，但凡有一丁点能用得上就绝不放过。网上下载不到的书籍，就到哈特利图书馆寻找。就这样，资料调研阶段前后耗时一个多月，我收集、阅读了上百篇文献。基于这些文献，我开始开展受激布里渊散射模型的推导。

推导工作是艰辛的，有时候一个积分卡住，整个推导过程就进行不下去。我常常在电脑前冥思苦想，好多次，刚吃过早饭便坐在书桌前，一抬头竟已是夕阳西下。

推导工作不仅耗费了大量的时间，还耗费了大量的纸张。整个推导过程，让我用光了家里所有的A4纸，之后开始用各种包装纸演算，后来包装纸也没了，就用快递纸箱。当时，家里所有的纸箱都写满了公式。朋友们大概都觉得我是个"疯子"。大家开玩笑归开玩笑，其实看不懂我在搞些什么，因此都比较敬仰，还觉得我很神秘。

就在这样的锱铢积累之下，我建立了基于伪随机序列相位调制的光纤系统中受激布里渊散射的时域过程的理论模型，并且据此对相位调制的优化参数进行了分析。这个工作后来整理成了24页的手稿，发表在期刊 *Optics Express* 上，我的英国导师尼尔森教授看到结果后很欣慰，同时也感慨这是最近几年他见过的极为难得的深刻工作。我心中充满了自豪感，不仅为自己，更是因为展现了中国人的智慧。

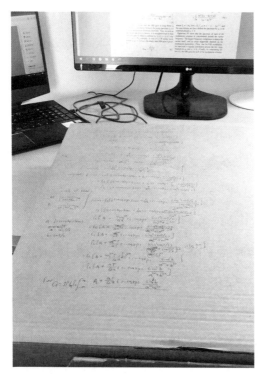

纸箱上写满了公式

来自"家"的温暖

我刚到英国的时候，箱子里只随身带了30个口罩，没出一周，口罩就告急了。妻子从国内给我寄了一百多个口罩，但是在法兰克福中转的时候被扣下了——在那个时候，经停欧洲大陆到英国的防疫物资都会被莫名无限期扣留。有的小伙伴一个口罩用一星期，生命安全面临极大威胁。

最困难的时刻，光机所党委和党办"救"了我。所党委陈卫标书记指示党办，为滞留海外的职工同志排忧解难，所机关杨玉霞老师想尽办法通过顺丰国际邮件，给我寄来了一百多个口罩。当我打开门接到装着一百多个口罩的包裹时，我难以抑制地热泪盈眶。这一百多个口罩，让我度过了一个"青黄不接"的4月。

当时，我作为上海光机所在英国的"飞地"，了解不到本单位的时事，心里非常难过。并且，到了一个新的研究环境，实验条件发生了很大变化，我擅长的实验技能不能完全发挥。而且南安普顿光电子研究中心擅长理论研究，这一部分正是我欠缺的。一开始，我不能很好地融入新环境，经常情绪起伏不定。原空间中心周军主任给我打电话，了解我的饮食起居情况，并且在研究方向选择上给予了指导，让我在自己擅长的"伪随机码调制光纤激光SBS抑制"方面下决心攻关；原空间中心第二党支部叶锡生书记也经常给我打电话，询问我的生活情况，告知我一些支部里的最新情况，在我情绪起伏不定的时候给予了很多指导和关怀。非常感谢在那些灰暗的日子里，光机所同事和家人、朋友的不离不弃。

第一波疫情，让我深刻地感受到中国人的集体主义精神，遇到大事，任何一个个人都有集体的关怀。不管在哪里，祖国始终是我们坚强的后盾。

随着疫情形势的不断发展，中国驻英大使馆也行动起来，委托中国留学生学联广泛招募志愿者，跨越全英近60座郡县派发健康包。这是一个困难而光荣的任务，我和近40名志愿者组成了一个志愿团队，为本地区的同学发放健康包。

大家素未谋面，全部工作都在线上联络，然后通过物流运输，最后与申请者当面交接健康包。从统计健康包数量，到征集愿意负责地区工作的志愿者，整个过程历时一个月。我们所在地区的访问学者和留学生很多，信息量庞大，并且夹杂着很多无效的地址信息，我们几个志愿者需要在工作之余，逐个整理、筛选地址信息，还要在地图上确认邮政编码和门牌号无误，经常挑灯夜战到凌晨两三点。此外，很多留学生会向我们咨询，甚至还有在国内的家长加微信咨询，因此我们几乎24小时都在回复消息。虽然很疲惫，但是所有志愿者怀着一颗热忱的心，扛住了所有的辛苦，保证了发放工作的顺利进行。

健康包的封面上写着一行字："祖国永远在身边"，区区7个小字，让无数海外学子热泪盈眶。我把这几个字剪下来，贴在书桌上，给自己加油打气，每次做仿真计算或者写文章遇到困难，或者感冒发烧生活不便时，我都能从这几个字中汲取力量。

健康包封面上写着"祖国永远在身边"

回家的艰辛路

熬过了三四月的疫情大暴发，大部分欧洲国家的疫情逐渐好转，英国的生活渐渐恢复了正常。

冬天来临，疫情卷土重来。这一次疫情经历了夏天的放松期，积累了大量潜伏的感染者，因此暴发之初就非常猛烈。由于一开始重视程度不够，短时间之内并没有得到有效的遏制，每天新增感染人数从几百到几千，再到几万，峰值时期可以达到六七万人之多，一时间人人自危。先是伦敦宣布强制封城，随后全国封城令下达。

高校仍正常工作，我也每天都要正常到实验室上班。突然，一则消息犹如晴天霹雳"炸"在我的头顶之上，我所在的光电子研究中心

威斯敏斯特宫

疫情好转期间的伦敦地铁

出现了一例感染病例。整个实验大楼立刻笼罩在了紧张与焦虑之中，大家似乎一动都不敢动。全楼马上进行了一次线上通气会，实验室主任David Payne通报了感染情况，提醒了存在感染风险的几个相邻实验室，也为我们后续自我隔离和实验室环境消杀提供了建议。所幸，在大家的共同努力下，实验大楼没有第二个人感染，大家平稳度过了危险时期。

转眼到了2021年3月，漫长又短暂的一年访学生活即将结束，我开始准备启程回国。

然而，受疫情第二次暴发的影响，中英通航无限期停止。时间一天天流逝，像一双无形的大手，撕扯着我想要回国的心，想要回到上海光机所原课题组贡献自己力量的愿望越来越强烈。

这时，中国驻英大使馆向我伸出了援手，帮我购买了伦敦中转赫尔辛基回上海的机票，一颗悬着的心终于落了地。在赫尔辛基万塔机场候机厅等待起飞的那个早晨，我坐在落地窗前，看着北欧的皑皑白雪，心中充满了对一年辛勤工作的满足感和即将报效祖国的荣誉感。归国航班和赴英航班是同一个机型，不同的方向，我在座位上坐定，感慨万千。

飞机划过夜空，缓缓降落在浦东机场。那晚的上海微风和煦，像是有一股神秘的力量包裹住我，一年的辛苦和挣扎，在这一刻都释然了，后来我才想明白，那是只有祖国大地能带给我的踏实感。

这一年，虽然遭遇了世纪疫情，却让我更加沉下心来，专攻理论。同时，我也更好地认识了自己，重新定义了人与人之间的关系，并且深刻认识到健康对一个人的重要性，人生的宽度得到了拓展。

回国之后不久，我署名上海光机所和南安普顿大学的研究成果也在SCI期刊发表，研究内容林林总总，包含了我一整年的心血。回到光机所后，我马上带领学生继续开展基于伪随机序列相位调制的后续研究。

回国后，我看到了国内完善的隔离、疫苗政策和各行各业一派繁荣的景象，深刻体会到我们国家强大的硬实力和软实力。更重要的是，看到我国研发的疫苗在世界抗疫中发挥的重要作用，我深深感受到中国的大国责任、大国担当。真心希望在不久的将来，随着疫苗的普及，全球范围的疫情能够逐渐平息，各国的交流合作可以恢复正常。而我，可能也会故地重游，再看一眼曾经努力过的地方。

静心聆听「纤」上脉动

—— 叶青

作者简介

叶 青

　　1977年出生，2006年上海光机所博士毕业，主要从事光纤传感及系统应用技术方向的研究工作。现任中国科学院空间激光信息传输与探测技术重点实验室研究员、博士生导师。作为项目负责人承担了国家自然科学基金、863项目、中国科学院和上海市重点科技攻关项目等三十余项。获得上海市科技启明星、中国科学院青年促进会会员/优秀会员、2016年上海市技术发明奖一等奖等荣誉。

个人感悟

　　与众不同的背后，是无比寂寞的奋斗！

2003年8月，当全国人民刚刚从"SARS病毒"的肆虐中逐步恢复过来，我从遥远的"西北古城"西安来到"魔都"上海，开始我博士阶段的求学生涯。

由于硕士阶段初步涉及了"光纤中非线性效应"的理论模拟仿真研究工作，在报考博士研究生时，我经过各种统筹调研，最终决定报考中国科学院上海光学精密机械研究所信息光学实验室，师从方祖捷研究员，进行光纤通信的研究，继续从事"光纤光栅在色散补偿和毫米波副载波技术中的应用研究"（即博士学位课题）研究工作。也正是从那一刻开始，开启了我在中国科学院上海光学精密机械研究所迄今为止19年的科学研究生涯。

19年，贯穿了我最好的人生年华和最充满活力与梦想的岁月。从懵懂学习、彷徨摸索研究方向、紧跟研究热点，到专注光纤传感应用系统研究，驻足回望，也许并没有做出经天纬地的突破和业绩，但我从未停歇过前进的脚步与努力的姿态，也不曾对脚下的路有过犹豫与踌躇。

科研习惯在潜移默化形成

三年的博士求学生涯中，最令我难忘的也许不是在研究课题方面的求索和论文成功发表时带来的喜悦，而是我的导师方祖捷研究员对我的科研习惯和工作方式的一种潜移默化的影响。

多年以来，方老师在我的眼中就是一个"科学家中的贵族"——60年代毕业于世界名校复旦大学物理系，后又师从半导体领域泰斗之一的前复旦大学校长谢希德院士完成了硕士研究生的课程。这在极度贫穷、百废待兴的60年代简直就是凤毛麟角。方老师于1968年研究生一毕业就来到当时初建的上海光机所，兢兢业业工作40余年，把青春和年华都奉献给了激光研究事业，用自己的知识和品行去培育和影响一届又一届的学生，践行了老一辈科研工作者的人生真谛，而这对我个人来说，又有二三事的潜移默化影响至深。

其一："每次实验工作要做好书面总结，实验现象要经常组织大家讨论。"这是我从方老师身上学到的一种对待科研的方式。一般来说，即使是精心准备的科研实验计划所得到的科研数据也具有一定的随机性，实验记录也是对当时实验现象的一个快速记录过程，通常难以比较逻辑化地去分析。因此，在每次实验后，方老师都要求我们认真地整理书面实验报告。他认为，整理书面实验报告是一个十分重要的逻辑思考过程，可以帮助我们从整体上分析实验的演化规律，并分析总结隐藏在其中细微的变化。而这种细微的变化也许就是苦苦追寻良久的实验结果。同时，每一份好的书面总结也是一份"科研档案"，保存好这份档案的过程，其实也是"科研工作"的过程。而对实验现象的讨论不仅仅是一种相互学习的过程，也是汇聚大家智慧对科研工作的一种指导，它能更快、更便捷地寻找到相对来说正确的科研路线。这种习惯多年来一直深刻影响着我对待每一个研究课题的执行。我在负责每一个课题执行时都会认真做好进展情况的书面总结和各个方面"科研档案"；而对待学生培养，我也自始至终传承这样的科研习惯。

其二："文献中的公式一定要自己去推导，推导过程中要注意赋予数学公式物理含义。"这是方老师在博士生培养期间对学生最基本的要求。方老师非常注意学生理论基础知识的培养，他通常告诫我们不要过于迷信文献中公式。对待文献中的公式，必须仔细去推导而不仅仅是一种学习，同时要注意在推导中赋予公式物理含义，这样将会得到一些创新的结果。因此，在博士阶段，我在导师的指导下花费较大的精力去推导光纤毫米波副载波数学公式的表达，然后在上百项多项式中进行同类项的合并和物理意义上的简化，去寻求隐藏在其中的创新成果。这在培养训练自己科研能力的同时，也顺利地完成了博士毕业论文。虽然在后面的科研工作中，由于各种杂事或者科研角色的转变，已经很少有机会再去仔细推导文献中的公式，但我在对待课题组研究生培养时一遍又一遍地强调和重复着这个习惯，希望得到一种传承，也是从内心深处的一种坚持与执着。

其三：一种"坐禅式"寂寞享受。当我从大学校园来到上海光机所的时候，仿佛从"大观园"来到了一座"禅院"，这里有一种说不出的宁静。那时候我们的课题组还在嘉定区塔城路东所，由于方老师那时住在市区，需要坐班车上下班。那时方老师每周二、四、五都住在办公室，周六也是在办公室看书/文献和与学生进行各种讨论，年复一年，日复一日过着这种"苦行僧"式的生活。其实那时我真的不是特别理解方老师这种单调的生活方式……然而多少年以后，我在一种潜移默化中找到这种生活方式的乐趣——喜欢一个人安安静静（尤其是周末或者晚上）坐在办公室，没有人打扰，没有杂事需要去快速处理，可以心无旁骛地看看书、系统性地看看文献、整理报告，也可以构思PPT，抑或是想想问题……总而言之，可以享受一种"坐禅式"的寂寞，也许你不能理解，但是我却乐在其中。

导师方祖捷研究员

一种赋予执着坚持的回报

2010年，我已经在科研道路上彷徨摸索了四年。这四年我作为项目负责人或技术负责人，虽然承担了上海市、中国科学院、国家基金委等多项课题研究任务，也发表了多篇学术论文，但并没有形成属于自己的聚焦研究方向，难以在科研领域形成影响。

但是在这几年，我们课题组一直在开展单频超窄线宽短腔光纤激光器的研究工作，而单频激光器的一个重要特点就是具有超长的相干长度，是相干激光探测的理想光源。为了给研制的单频超窄线宽短腔光纤激光器找到一个合适的应用方向，我们紧密跟踪当时国际上的研究热点，开始长距离分布式光纤传感技术研究。经过三年（2010—

2013年）努力，从基本原理、关键技术到原理样机的链条式研究，我们终于形成了自己的初步工程原理样机，也陆续在南方电网特高压输电线路覆冰监测、矿井塌方安全监测、石油管线周界安防等领域开展了工程示范应用，足迹遍布了山山水水，希望能够通过聚焦研究获得应用突破。

然而，一切却进展得没有想象中那么顺利。虽然每次试验结果不错，应用局面迟迟难以打开，研究成果的价值久久得不到体现。整个团队还是一直在苦苦坚持，多方位尝试和努力，以求突破。终于，2013年4月左右，所有的等待终不被辜负，我们迎来了一次关键的机会。那时，由于一项国家安防工程需要寻找先进的安防技术，用户方在全国寻求技术的合作。我们团队在时任副所长陈卫标老师的引荐下，也加入了当时的试验候选名单。为了验证技术可行性，用户方专门建设了试验场景的模拟场地，以供来自全国的4个综合集成团队（13家单位）进行技术综合性能比拼，从中选出各方面综合性能最优的团队承担相关的工程建设任务。

第一轮测试：由于我们采取的技术方案比较新，前期对当时的场景不熟悉，所以系统带来的误报很多，环境的适应性和稳定性难以满足应用的需求，是4个综合集成团队中表现最差的。专家组的初步评估是直接淘汰我们团队，但经我们努力争取，又考虑到当时各家都对应用场景不熟悉，难以充分发挥系统性能，于是最终决定再给大家一次自我优化的机会。就这样，我们较为幸运没被直接淘汰，而是进入到第二轮测试。

第二轮测试：到第二轮系统优化的时候，北方的冬天已经十分寒冷，晚上的温度通常可以达到零下10℃。为了适应各种应用场景，我们通常都是白天和晚上加班加点模拟各种应用场景。晚上室外场地没有灯，我们便打开手机照明，一遍又一遍地验证各种应用场景带来系统的报警准确率、误报率、系统报警时间、系统定位准确性……不知道多少个日日夜夜，当其他团队都早早收工回宿舍休息的时候，我们还在执着地坚持着。当时的一个重要场景是围墙攀爬报警，为了模拟实际的场景效果，用户方按1∶1比例堆砌了高5米、宽2米、长20米的实体墙，上面铺盖着非常光滑的琉璃瓦。人站在斜屋面琉璃瓦上，脚难以放平站直，并且长时间站立脚很难受，而且琉璃瓦非常光滑（下雨天更甚）。对我们这些平时主要待在办公室做科研的人来说，站在5米高墙顶小腿都会不自觉地颤抖，更何况还需要在墙顶上反复模拟系统对快速攀爬所带来的系统报警情况。

"小P（同事），上啊。"小P尴尬地笑了笑，说了句"我不敢"。

"小Z（学生），你来试试。"小Z也笑着说，"叶老师我也不敢。"

"哈哈，关键时候，都靠不住啊，我自己来。"

最后，我一遍遍爬上爬下，模拟在墙面的各种翻越等动作场景。其实说心里话，对于稍微有点恐高的我来说，当时站在墙顶，我心里也怕得要命，毕竟站在空旷的5米斜屋面琉璃瓦墙顶确实是一种挑战。但是要想系统性能获得提升和稳定，有时不得不冲到最前线。连用户方都说："叶老师太牛了，这么高的墙都自己上。"

一分耕耘，一分收获，在第二轮的优化中我们团队的系统性能逐步稳定，各项优势也逐步体现出来，在第二轮比拼测试中我们逐渐赶上了。

第三轮测试：我们进一步将系统长距离探测、前端电无源、定位精度高、安装方便、便于维护等系统优势发挥出来，也逐渐在综合性能方面体现出优势。

第四轮测试：为了全面评价，用户方针对应用场景制定了测试方案，包括单人／多人攀爬报警、动物攀爬误报警识别、暴雨误报警识别、大风误报警识别、烟雾系统等，每一种场景都反复测试报警准确率、误报率、漏警率、定位精度和响应时间。最终，我们在十几家参与单位（中途还有多家单位加入）性能比拼中胜出。

多轮系统性能测试、优化和比拼持续了一年多的时间，其中的点点滴滴现在回想起来还是那么的清晰，而寒夜中在琉璃瓦上对系统性能的测试又是那一段记忆中最刻骨铭心的。最后的认可在现在看来就

系统参数调整

是一种赋予执着坚持的回报。从那一刻开始，我对自己今后的科研方向不再彷徨，大家也更加清楚我们以后为之奋斗的方向。

时至今日，我们已经在这条路上勤勤恳恳耕耘十余载，后面的路还很长，但我们一直在前进。

精心聆听"飞舞高铁"脉动

也许潘多拉之门一旦打开，迈出了人生的第一步之后，第二步看起来就是那么理所当然。经过为期近两年的努力，我们顺利完成了国家安防工程建设，在应用领域中也逐步得到一定的认可，整个团队都充满了干劲，研究方向更加明确，在研究过程中也得到很大的锻炼。

近年来，我国高速铁路网络建设飞速发展，高铁运营里程达3万千米，已经形成"四纵四横"高速铁路主骨架，目前正在快速向"八纵八横"主通道网络发展。高速铁路不仅是国家重要基础设施、国民经济大动脉和大众化交通工具，是实现"中国梦"的重要桥梁，也是"一带一路"倡议实施的重要基础保障。因此，建设安全可靠的高速铁路运行安全保障体系，将是我国铁路建设重要的战略目标。在这样的背景和时间契机下，2015年9月，南京一位从事铁路设备研发的企业家在了解我们系统的技术特点和前期工程应用的效果后，敏锐地察觉到了这种长距离分布式光纤传感技术在铁路安全监测中的应用市场前景。通过前期多次的技术介绍和交流，以及对团队组成情况的了解，极力希望与我们团队开展产学研的合作，共同开发"铁路沿线光纤综合安全监测系统"，从而开启了我们又一段面向国民经济主战场的奋斗历程。

2015—2017年在铁路上奋斗近1 000个日日夜夜，让我对这个陌生领域有了很深的了解，其间有过黑白颠倒奋斗、有过漫天飞雪测试、有过翻山越岭巡线、有过向铁路部门不断协调汇报、有过望眼欲穿等待评审……有过太多的第一次，这些每一次都是人生的一次重要经历，都是记忆深处一份永久保存的档案，而这份档案中几个名词又是最时常拨弄我神经的词汇。

"天窗！"这个在其他领域不常用的词汇，在铁路领域则司空见惯。由于高速铁路运行速度快，为了保证行车安全，在高速铁路运行期间，将采取全封闭式管理，任何施工作业等一切活动都会被停止。只能在所有列车停止运行的午夜00：00～04：00（通常时段）设置3～4小时的综合维修天窗时间，对线路、通信信号和供电设备进行综合维修。由于天窗时间段非常短，进入天窗点作业有着非常严格的类军事化管理：报天窗作业计划、统一穿夜间荧光施工服、进入前排队点名和统计工具、宣读作业注意事项、安全门管理、作业段前后管理、供电设备断电管理、作业期间管理、作业收工人员和工具统计、作业排队总结等，充分体现了铁路人为保证行车安全而体现出来的严谨、认真和一丝不苟的态度，我也对高速飞舞在祖国大地列车背后的故事深感动容。在以后的日子里，每当我坐在快速飞驰的高铁上，我都会想起那一段在"天窗点"的经历。当然，我也十分怀念天窗点收工后（凌晨04：00～06：00）各个铁路沿线维修站段给施工作业人员准备的炒饭配咸菜，在那个点吃的加餐饭，感觉是留在记忆深处"最美的味道"。

"定标！"高速铁路沿线槽道都敷设有通信光缆，我们系统主要是利用铁路沿线既有通信光缆（部分节点也会进行监测光缆串联续接），基于分布式光纤探测和定位技术，实现对铁路沿线光缆断线、路基激扰（如机械/人工挖掘）、异常温升、边坡滑移、堑坡落石、外部入侵、铁塔倾斜、列车轨迹跟踪等几类安全风险进行全天候实时监控和报警，为列车运行安全提供可靠的监测、监控手段。由于设备探测定位是监测光缆长度信息，而光缆沿铁路沿线敷设并不完全是直线，通常有冗长和续接，因此需要建立系统光纤里程、沿线既有光缆敷设方式与铁路K标（铁路里程通常标注方式）对应关系数据库，对沿线进行高效快速定标。定标的过程是一个十分烦琐的过程，它直接决定了系统定位的精度信息和告警的准确性。定标首先需要事先知晓整个线路的敷设线路图，然后逐点沿线通过敲击光缆进行系统光纤里程和铁路K标一一对应，同时测试光纤探测灵敏度和准确度信息，然后进行系统修正，从而保持探测灵敏度的一致性。因此，每次光纤定标过程都是一次"远足"，都是一次"翻山越岭巡线"，都要带上拐杖、水壶、蛇药……这是我们坐在办公室的科研工作者难以亲身体会的一种经历。

此外还有：

"异常温升！"利用监测光缆监测铁路沿线光电缆老化火灾……

"边坡滑移！"利用监测光缆监测铁路沿线地震、泥石流等自然灾害……

"堑坡落石！"利用监测光缆监测铁路沿线山体松动落石……

"外部入侵！"利用监测光缆监测铁路沿线人员非法进入、破坏……

"轨迹追踪！"利用监测光缆监测列车实时运行轨迹和行驶速度……

"电网放炮！"利用监测光缆监测供电电缆雷击、异物侵线导致跳闸放炮……

这些"铁路功能模块"通过光纤串联，逐步构筑铁路的神经网络，通过设备精心聆听铁路的脉动，感知高铁沿线信息，保障铁路运行安全！这就是我们的使命。

经过近两年各项功能试验和超过六个月的用户使用，我们终于迎来了"化茧成蝶"的日子。通过本项目多方产学研研究与合作，研发团队掌握了复杂物理场耦合下的高保真感知、复杂时变工况下的事件探测与识别、多尺度多参量融合集成等多项具有自主知识产权的铁路沿线安全综合监测用长距离多参量分布式光纤传感系统的关键技术，解决了列车轨迹、自然灾害、外部入侵、设备设施状态等综合监测要素在全线复杂全路况全场景环境下的准确感知、定位和识别，建立了面向铁路应用的分布式光纤传感技术标准与规范、监测系统的设计、安装与维护管理的标准与规范，实现了系统全天候可靠稳定的运行，为铁路安全监测提供系统化应用解决方案。

2017年7月5日，上海铁路局在南京组织召开了"铁路沿线安全光纤综合监测系统"科技成果技术评审会。中国铁路总公司、中国科学院、中国铁道科学研究院、南京大学、上海大学、中铁电气化集团、中国铁设、铁四院、北京铁路通信技术中心、南昌铁路局、济南铁路局、上海邦诚电信技术有限公司等单位的专家以及课题单位上海铁路局、南京派光信息技术有限公司、中科院上海光机所相关人员参加会议。评审委员会专家一致认为"该系统设计合理，技术先进、信息安全、实用性强，达到国际先进水平。其中，利用铁路既有光缆实现铁路沿线综合安全监测属国际首创，根据中国科学院上海科技查新咨询中心的《科技项目水平报告》，居国际领先地位"。项目成果终于得到了行业用户上海铁路局的认可，而这鉴定评估，对于我们来说是多么来之不易，它是对我们团队奋斗在铁路沿线的无数个日日夜夜的最大肯定。

接下来，收获的季节接踵而来：

 2016年获得上海市技术发明一等奖；

2017年获得中国专利优秀奖；

2018年和2019年获得中国铁路上海局集团有限公司科学进步奖一等奖；

2018年《铁路沿线安全光纤综合监测系统》参展了"伟大的变革——庆祝改革开放40周年大型展览"；

2019年为庆祝新中国成立70周年和中国科学院建院70周年，研究成果参展了"科技报国七十载　创新支撑强国梦"为主题的创新成果展；

2019年《铁路沿线安全光纤综合监测系统》成功实现了科技成果转化；

2017—2020年，项目研究成果已在20多项高速铁路线路、城市轨道交通线路和铁路沿线设施灾害防治开展了安全光纤综合监测系统应用推广，产生了巨大的社会效益和经济效益。

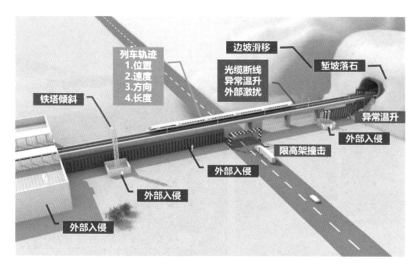

铁路沿线光纤综合安全监测功能示意

专家组现场测试科研成果

我干铁路的日子

一种凝视远方抱负

时间飞逝，在光纤传感及系统应用的科研道路上已经度过了十余载春秋，我也走过了人生的不惑之年。

我总希望，能用人生经历去标定自己前进路上的每一个脚印，并且不断延伸，搭建起进一步攀登的云梯。论文、职称、工资等名利层面的东西，早已不是我在意的追求目标。我更愿意自己在以后的科研道路中，能迈着更加务实与坚定的步伐，为这个社会的发展聚能蓄力，留下一份作为科研人的"痕迹"。

光纤传感技术是一门应用学科，其发展潜力在于实现创新技术在产业应用上的转移转化，服务于国民经济的主战场。因此，基于自己的专业知识方向和经历，我更加明确了今后的发展目标：继续聚焦

"精密光子传感及应用系统技术"研究，以先进智能制造与未来能源战略需求为着力点，全力发展先进激光应用技术、光纤传感技术、信息与信号处理三大优势学科的交叉融合，挑战国际精密光子传感检测技术与工程前沿，实现从"单纯光纤传感技术研究"到"面向新一代先进智能制造产业的精密光子传感检测工程化研发与产业应用"的创新转变，在未来先进激光智能制造等领域发挥重要的引领作用。

　　这个目标也许看起来比较晦涩，但正所谓"静水流深"，对我来说这已经不仅仅是一个目标，更是生活的一部分，是生活本身。我不知道它的终点会是何处，但是我将一直朝着这个方向去努力、去迈进。

　　溪水流长，蜿蜒终至。

定海神针

———

于真真

作者简介

于真真

    1987年出生，2016年博士毕业于上海光机所，主要从事空间全固态激光器技术研究。现任航天激光工程部高级工程师。主要参与的项目有KJZ单频紫外激光器、大气环境探测星激光雷达（ACDL）功率放大器、高精度温室气体监测卫星大气探测激光雷达功率放大器等。

个人感悟

    我相信，这样总是全力以赴，时而艰难万分时而热泪盈眶的日子，才是有意义、有价值的。在三四月付出的努力，到了八九月，自然会有答案。

《西游记》中有一根"定海神针"，原为东海龙王龙宫的镇海之宝，后被孙悟空"借"走。自此，此针改名为"如意金箍棒"，也就是大家常说的"金箍棒"。

在我们课题组中，于我而言，也有一个"定海神针"一样的人。他的存在，会给整个团队带来强烈的安全感，即使面对重重困难，依然会有必胜的信心。

他就是老王。

最初的"师兄"

很早之前，我还是尊敬地称呼他为"王师兄"的。

在我研二那年回到所里时，老王还是博士二年级在读。虽然同在一间办公室，但是我和他交流并不多，只是偶尔向他请教学术问题，自始至终都毕恭毕敬地称呼他为"王师兄"。

后来我读了博士，由于我的博士课题是他博士研究方向的进一步延伸，所以向他请教问题的次数就越来越频繁。但每次，他都会不厌其烦地与我分析讨论，耐心指导我的试验。而我，虽然还是称他为王师兄，但这句称呼里，已经不仅仅是出于最初的礼貌，更多的是打心底里对他学术水平的敬佩。他丰富的理论知识和实践经验总能让我受益匪浅。

读博士的时候，最大的压力来源是"业绩"——课题组的毕业生至少要发表两篇SCI论文。

导师常对我们说："你们做的虽然是偏工程的应用研究，也可以像搞前沿研究的一样做出创新性的结果，发表高质量的文章。"私底下，我们学生之间经常开玩笑说，能发表 AO、COL 就不错了!

对于那时尚处读博期间的我来说，能像老王一样在 OL、OE 上发表文章，已经是我最高的追求了。我知道，王师兄之所以能发表高质量的文章，导师的培养固然重要，也离不开他本身的天赋和努力。他十分善于钻研，不放过任何细节，用"科研嗅觉敏锐"形容他一点也不为过。

还记得有一天晚上，他独自在实验室研究他的博士课题——人眼安全的激光器研制。当时，这个方向在国内的研究十分稀少。

也正是那一天，在测试激光的光谱时，他发现光谱仪上不仅有人眼安全的激光，还有另外一条谱线。而此前他在调研文献时，却很少看到有关该谱线的报道。经过深入调研，他发现，这条谱线在激光雷达探测中有独特的优势。最终，通过优化参数和试验装置，王师兄获得了高能量的脉冲激光输出，实现了当时所报道的最高转换效率。

这让我们这些师弟师妹们敬佩不已，纷纷感叹道："不愧是王师兄啊!"感叹之余，他带给我们更多的是思考——机会是留给有准备之人的，一切看起来的手到擒来，都离不开千锤百炼形成的"肌肉记忆"。

是啊，没有什么成功是理所应当的，想要做出科研成果也不能仅仅靠小聪明，我们常说大智若愚，但对于科研来说，这里的"愚"绝不是愚笨的意思，而是一种坚持、一种细心、一种努力、一种专注!这些话说起来简单，却需要我们用一生去学习、去践行。

"航天"引路人

2016年，博士毕业的我选择了留所工作，很大程度上正是受了王师兄的影响。

那时，王师兄已经成为一名经验丰富的高级工程师、科研骨干，出色地完成了多个空间激光技术相关的重点型号任务。而即将毕业的我，还在自己是否能从事工程项目研究这个问题上徘徊不定，毕竟型号任务不是搞课题研究，我一时"拔剑四顾心茫然"，实在不知如何适应。

王师兄看出了我的犹豫和困惑，便跟我聊起他的成长之路。

他说，刚开始工作的时候，他也没有任何工程项目的经验。那时有一台532纳米绿光全固态激光器的研制项目，当时的他，甫一毕业，就被安排到这个项目中解决问题。

从设计方案开始着手，再进行查阅文献、理论仿真、讨论方案改进……几乎每天都是到后半夜才回家。"简直比高三学生还累"，也不知道那段时间究竟是怎么熬过来的，好在功夫不负有心人，他的付出最终得到了回报。

"但不管怎样，最关键的还是靠自己。"他说，那段时间，他虽然每天都很疲惫，但回到家总会坚持反思总结，一天天过得很充实，也很踏实。

他语重心长地告诉我，我们做的都是面向国家战略需求的重大型号任务，"舍小家为大家"是应有的基本觉悟。我们作为党员，更是要冲锋在前，迎难而上，突破关键技术，完成国家交给我们的任务，不负时代，不负韶华！如此激昂的话语，王师兄讲起时却非常平静，大概这就是"胸有惊雷而面如平湖"吧，大音希声，我能明显地感觉到，他对科研的热情是如此细水长流，无时无刻不在与生活的点滴相融。

一信念萦绕在了我的心头——有王师兄在前引领，肯定没问题。

后来的老王

大概是在跟他组队做工程项目的过程中，我和他越来越熟悉，就跟着他的好友谢老大一起称呼他为"老王"了。当然，"老王"只是一种昵称。第一次对着他脱口叫出"老王"时，我还有些尴尬，急忙改口叫"王师兄"。可次数多了，尴尬不再，我也不管不顾地"放肆"了起来。

其实，从刚留所工作开始，我就一直很希望能和老王一起做工程项目，希望能借此机会向他多多学习工程经验，尽快成长为独当一面的一线科研骨干。

终于，在2017年10月，我迎来了首次和老王搭档的机会。

空间站激光雷达项目需要单频大能量紫外脉冲激光器，而且在2018年5月，项目要进行转阶段评审，所以要在这之前完成关键技术和工艺的验证，并完成一台工程样机的研制，时间非常紧张。

老王作为激光器主管设计师，肩负起了这一重任。恰好，当时我在大气项目里的工作暂时告一段落，便自告奋勇，作为激光器专业设计师，跟着老王做空间站项目。那时的团队成员里，除了老王和我，还有擅长光纤激光器的小钟，我们仨就组成了空间站激光器"三剑客"，带着必胜的信念向着激光器的研制成功进发。

然而困难远比想象得多——虽然方案设计充分，但毕竟没有进行过桌面试验验证，对于能否实现最终的技术指标，我终究不敢肯定。小钟宽慰我说："要对我们团队有信心，再说了，有老王在，只管放心！"的确，有老王在，我们就有信心。

那段时间，不论是在实验室、食堂，还是在办公室，我们仨讨论的话题都是这台激光器。

2017年12月中旬，我们正式进行工程样机的研制。激光器基频光的研制部分还算比较顺利，部分方案继承以往项目，只需要优化一些元器件的参数，提高系统效率。经过加班加点的工作，终于赶在年底之前实现了满足要求的基频光输出。

然而，在进行非线性部分实现紫外激光输出时，能量偏低，这跟我们的设计有较大差别。我和小钟经过几次试验后，始终达不到指标要求的激光输出。我们只好向老王求助。老王一看，就"嗅"到了问题所在。经过对设计和测试结果的仔细核对，他指出，应该是结构方面的问题——两个模块的间距设计过大，导致效率降低。

改进结构设计后，效率果然提升了。终于在2018年3月，我们完成了关键技术攻关，实现了技术指标，工程样机也顺利通过了例行试验，并完成验收。

进行工作总结的时候，我们发现，整个过程之所以还算顺利，首先是方案详细设计时考虑得比较全面，不仅关注到了激光器的设计，还从整体上进行了考虑，包括结构设计、工艺和流程的制定等，这些都大大提高了后期工作的效率，避免了工作的反复、返工；其次，团队协作，是做好一切工作的前提，这是在研制过程中老王传授给我们的宝贵经验，也在研制过程中得到了反复验证。我多么希望，自己也能成为像他一样的"定海神针"呀！

遗憾的是，4月，我们收到了空间站对地部分的项目被终止的通知。老王说："虽然该项目终止，还是要对研制工作进行全面总结。我们完成了关键技术攻关，这给十四五测风项目打下了很好基础，它也是需要大能量紫外激光光源的。"

实际上，虽然项目被"腰斩"，但我们的付出为后续项目的进行积累了关键技术，奠定了工艺基础。而且，在参研的过程中，我收获了很多，向着成为一名科研骨干又迈进了一步。

最让我们欣慰的是，我们研制的紫外激光器工程样机目前已经为多个项目进行了技术验证，充分发挥出了它的价值。我们仨还经常开玩笑说："这台激光器真的很皮实！"

坚守

激光器是空间激光应用系统的"心脏"，它的可靠性直接关系到航天任务的性能和成败。

相对地面应用的激光器，空间激光器最大的特殊性在于它的运行环境，比如发射过程中的振动、冲击，在轨运行时真空、宇宙射线、微重力等各种空间环境的影响。因此，激光器在研制过程中需要进行一系列的环境试验考核。激光器从最初的方案设计，到最终正样产品的出厂，往往需要数个月甚至数年的时间。

到2021年6月，我在光机所就已经满打满算工作了五年，这也是我与光机所的第一个"五年"。这五年，讲述着一个个"春华秋实"的故事。

我刚入职时参研的激光雷达项目的正样产品，预计在7月初出厂，看着我这五年的心血开花结果，我非常开心。希望在本书出版时，它已成功在轨运行。

五年来，让我感触最深的，就是我们的工作节奏越来越快，工作越来越忙，当然，这也证明着我们部门在蒸蒸日上。部门目前承担的工程型号项目绝大部分是时间紧、任务重的，经常需要大家加班加点。为凝聚和组织参研团队，激发党员们的先锋模范带头作用，我们成立了上光尖刀连、上光青年突击队，听从指挥、凝心聚力，冲锋在技术攻关的最前线，保质保量圆满完成攻关任务目标。

待试验的激光器工程样机

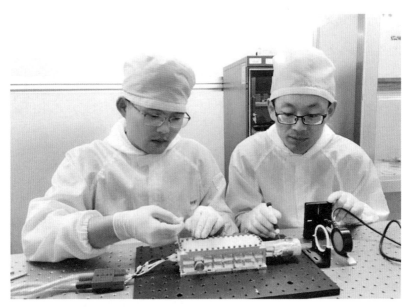

空间站激光器"三剑客"之老王（右）和小钟（左）

上光尖刀连、上光青年突击队（部分成员）

忙起来的时候，别说和父母、朋友主动联系，常常是他们发来消息，刚想回复就转瞬埋没在工作中了。母亲多次向我抱怨："哪听说过你们这样的工作呀？这么累！"或者常劝我："换个轻松一些的工作吧！"

有时我也会感到很崩溃。有段时间，常常会在熬完夜回家的路上想，工作这么辛苦，到底是为了什么呢？后来慢慢发现，在投身科研的过程中，航天精神和航天梦就那样在心里扎下了根，发出了嫩绿的芽儿。作为一个航天人，看到自己参与研制的产品正常在轨运行时的那种自豪感、满足感，是在其他任何地方都得不到的。

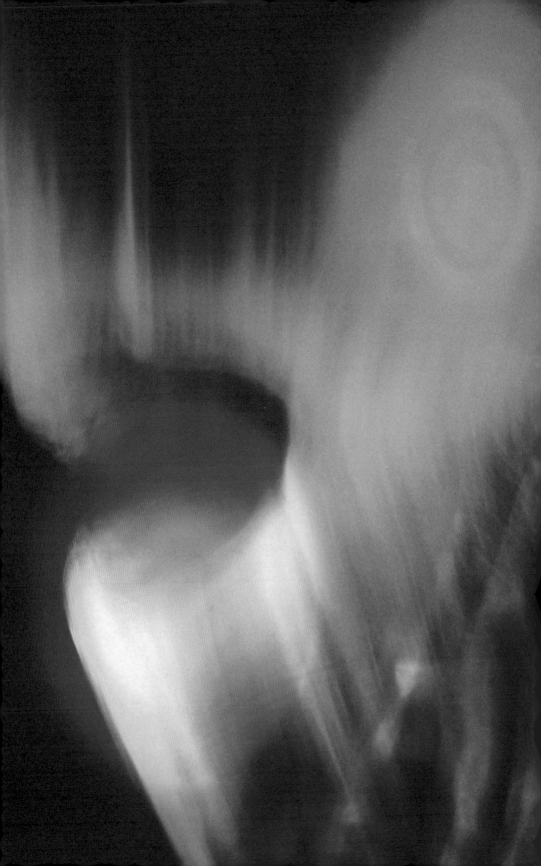

把青春铺满科研的征途

——余婷

作者简介

余 婷

　　1977年出生，1999年毕业，主要从事特殊波段光纤激光技术、固体激光技术和非线性频率变换技术的研究工作。现任高功率光纤激光技术实验室正高级工程师。作为课题负责人承担了近20项科研项目，包括国家863计划、中国科学院联合基金项目和中波红外激光器外协项目等。

个人感悟

　　科研之路总是荆棘密布，尽情享受披荆斩棘过程的痛与快乐，看着自己的想法变成对国家、对社会有用的实物时，青春无悔，人生无憾！

我有一段与女儿刻骨铭心的对话：

"科研是什么？"

"科研是打怪，一个个技术难点，一个个工艺问题，都解决了，就能通关。"

"中波是什么？"

"中波是超级大怪，材料、镀膜、元器件都会遇到问题，还要面对复杂的系统，尤其是设计三级激光器系统，每级都要做好才能通关。"

"打完怪，能多陪陪我吗？"

"尽量。"

家——心安之处

科研，其实就是一条征途，在这条征途上没有平坦的大道可走，只有不畏劳苦沿着陡峭山路攀登的人，才有希望达到光辉的顶点。当失败来临的时候，不要怯懦，要把这看成一次成长的际遇、一次锻炼的契机，勇敢前行，奋力拼搏，恪守信念，相信在山顶会有更美好、更灿烂的风景等着自己。

"世之奇伟瑰怪非常之观，常在于险远"。回首我十多年中波激光求索发展的科研历程，正是这样一条"攀登之路"的真实写照。

坚强·懵懂时节的启明星

1999年7月，我和同学们分别，乘船从重庆顺着长江来到了上海光机所，从此开启激光之路。进所至今，我仍能清晰地记着，当年人事处的王蕾老师特意来十六铺码头接我，随后我们通过了中国第一条高速公路抵达嘉定的场景。

初至光机所，时值老一辈科学家即将退休之际，我很荣幸能够跟随崔俊文研究员、陆雨田研究员和胡企铨研究员开启我的科学生涯。老一辈科学家兢兢业业、创新开拓的精神一直引领着我往科学之路前行。那时，王之江院士每年回来都给我们室的同志开会，为大家指导工作。当年他提出的全固态激光技术和光纤激光技术现在已经成为激光领域最核心的方向之一。今天，科技发展日新月异，工作时间越久，我越发深刻地体验到大师们前瞻性布局的重要性。

刚进所的那一天，我的内心其实是有很大落差的：办公实验楼是破败的，实验室内的设备多为老古董，甚至只有古老的模拟示波器

（我在学校读本科时就已用上了数字示波器和计算机）；整个实验室只有一台电脑，大家需要轮流排队收邮件，查资料……也正是这样的所见所闻让我感受到震撼——光机所的老一辈科学家们竟然就是在这样艰苦的条件下，实现了一个又一个技术突破，建设了神光和强光大装置，建立起了在国际激光界的口碑！

幸运的是，我入所后恰逢整个科学院创新工程启动，国家对科研的投入逐年增加，此后的科研设备开始更新，今天，我们已经拥有了世界上最先进的激光检测、测试设备！

我的科研之路始于王之江院士倡导的全固态激光器。当时崔俊文老师承担了一个上海市科委的全固态绿光激光器的研发任务，这个任

所内的参天大树见证了青春之歌

务可用于在电影胶片上打字幕。崔老师从中科大毕业后就一直在光机所兢兢业业地工作，经验丰富，他把我从一个激光小白带成一个具备独立承担任务能力的调光小能手。

后来，陈卫标老师经同事介绍引进到我们室。2002年我到年限可报考攻读硕士研究生的时候，崔俊文老师就要退休了，因此，在征求陈卫标老师的意见后，我成了他的学生，并继续我的激光学术深造之路。在从事中波激光技术之前，我还开展了全固态绿光激光技术、全固态钛宝石激光技术、单频激光技术、倍频、和频、差频和光参量振荡技术等非线性频率变换技术等的研究。

勇敢·开拓创新的先行军

2007年，我的博士导师陈卫标老师找我谈话，希望我转向发展2微米光纤固体激光器，以及中长波激光技术。

彼时我正在攻读在职博士研究生，原课题方向为单频蓝绿固体激光方向，为此我已花费数年精力，并且取得了一定的进展和成果。现在却突然要转向光纤激光技术方向，这对我来说是一个全新的、极大的挑战，更别提需要我研究的还是中波激光技术，那真可谓是"两眼一抹黑"——既没有团队，也没有技术继承。

即使背靠先进激光技术这个优秀团队，但更多的时候，我们还是需要靠自己。凭一己之力"决战"一个个难题，能行吗？还有我那和毕业息息相关的博士论文，又该何去何从？

当时的我，还是科研四支部的支部书记，陈卫标老师是先进激光技术实验室的室主任。陈老师与我进行了深入的交谈，不仅详细梳

工作照

理了我国对此新方向的重大需求，还明确了国家亟需突破该技术的现状。在陈老师的教导下，我认识到了我们作为"国家队"的责任，而我作为一名党员，同时还是一位支部书记，更应该毅然决然、义无反顾地担当使命、接受挑战。

从此，我开始了漫漫中波研究之路。即使先前对所遇困难已有心理准备，还是会屡屡震惊于突破之艰；虽已预料到，这条钻研之路会很长，却没想到，这一走，就是十余年才见曙光。

拼搏·苦学岁月的指南针

我们首先徘徊于选定技术路线的岔路口。当时，有多条技术途径可以实现中波激光输出，而且那时的某大学和中电某研究所已经在该领域开展了相当一段时间的研究。我们需要选定一条既有自身特色，又有希望能实现弯道超车的道路。经过大量的文献调研，最后，我们决定主要走光纤泵浦固体再非线性频率变换的技术路线。

在技术路线选定后的头几年里，主要钻研攻克特殊波段光纤激光技术，以提升输出功率水平。我们联系合作伙伴，拿到了两根各5米长的掺铥光纤，就这样，开启了掺铥光纤激光器的攻坚之旅。

最开始的时候，我们不像现在，拥有切割刀、熔接机、涂敷机等司空见惯的光纤处理设备，连续掺铥光纤激光器都是采用空间结构、靠腔镜片来实现2微米波段激光输出的。

此前，我一直从事固体激光技术，初接触光纤时很不习惯，总是感觉光纤太脆弱，一拎起来就会断，却还要在这种恐惧下想办法用宝石切割刀将端面切整齐、无崩边——那种手足无措的感觉，至今还深深地烙在我心里。

庆幸的是，我们还有国内相关单位的支持，他们向我提供了自研的掺铥光纤，让我拥有了利用国产光纤"练手艺"的"舞台"：从手工环剥涂敷层开始，到宝石刀切端面，再到用研磨机反复研究磨斜8°角……一大早就钻进实验室，到晚上深更半夜还在处理一根光纤，已经成为我的日常。

练好了光纤处理基本功，第二个难题又向我"砸"来——2微米腔片镀膜问题。当时的2微米腔片镀膜技术还不成熟，在所里镀膜中心和北京某研究所老师的大力支持下，我们就工艺和技术参数进行了反复讨论，终于镀膜成功。可是"好景不长"，我们镀的膜一开始用还可以，时间一长就龟裂了。这可怎么是好？

为克服这个难题，我特意去请教了范正修老师。彼时范老师已经退休，却丝毫不责怪我的冒昧请教，而是用极大的耐心和热情，根据反馈的现象给予了我深入的分析指导。这之后，我再满载"指导"而归，和镀膜技术人员反复讨论工艺上的改进。就这样反复迭代，2微米波段的镀膜工艺渐渐完善起来，我们终于不用再高价从国外辗转镀膜了。

研究的第一年，我们费尽心血，实现了空间分立结构的掺铥连续激光输出。但靠腔片选波长，输出的激光光谱非常宽，不适用于后续工作的开展。那时的我，身边还带着个博士研究生开展单频2微米大能量激光器的研究，想着是否可以采用固体种子激光器来实现窄线宽的种子激光，通过掺铥光纤放大器的方式来获得高功率大能量脉冲铥光纤激光输出。这样做的好处在于，可直接用其开展光参量振荡技术研究来获得中波激光输出，同时功耗、体积、重量、系统可靠性均更理想。

我要特别感谢863专家组的专家们对于新技术的支持，是他们允许我在技术推进的情况下，可以自由选择技术路线。于是，我搭建了一套固体-光纤混合结构的激光器，获得了大能量脉冲铥光纤激光输出。

受此鼓舞，我们决定尽快开展ZGP-OPO实验。可惜没有见到中波光，该晶体就发生了损伤。后来我们分析原因，总结出两种可能：一种可能是没有经验，装夹应力所致损伤；另一种可能则是当时没有经费采购光谱仪，只能借用别人的精度较低的光谱仪，激光光谱里含有未检测到的ASE光，致损伤阈值估计错误。遗憾的是，不管出于什么原因，第一次的OPO实验都失败了。

当时的晶体价格十分高昂，第一次的失败导致此后很长一段时间里，我们没有能力采购新的ZGP晶体开展相关研究，只能想办法先解决泵浦源。但也有收获，有了此前的教训，在后续开展ZGP-OPO的研究中，我们对待OPO晶体总是打起"十二分精神"，再没有发生过类似的损伤。

后来，我们开展了空间结构的声光调Q光纤种子源，经过两级放大，获得了高功率2微米波段脉冲激光输出，可惜没有ZGP晶体来开展进一步的研究。

有人可能会问，为何不再采购晶体呢？还是那句话，经费有限！中波的元器件、镀膜、晶体、设备价格均非常高昂，为此我得"螺蛳壳里做道场"。有时，为了购买所需东西，我们甚至还得接些其他项目，来贴补中波技术的推进所需。

就这两三年的光景，国外的掺铥光纤激光器发展得非常迅猛，很快就从低功率突破到1 000瓦量级，并从空间结构走向全光纤结构。我从某家单位借到了对光纤光栅，自此，我们终于可以开展全光纤掺铥光纤激光器的研究了。

此时，高功率光纤激光组在相关项目支持下，采购了光纤切割刀和熔接机，经过协调，他们同意了我在其设备空闲的时候借用切割刀，也同意了其熔接机指定操作人员在有空时可以帮忙熔接光纤。

于是，我开始了上班时间研磨光纤端面，下班时间调试切割刀程序的日子。反复调试切割好光纤后，再见缝插针排队去熔接熔点，那段日子，我心无旁骛，最日思夜想的，就是能攒点钱买套切割刀、熔接机和光谱仪。

为了减少试验反复，我在理论仿真上进行了各种参数的模拟，尽量获得最优技术参数。掺铥保偏光纤的切割熔接非常困难，力气稍大就会发生崩边或拉丝，力气小点又切不断，只能靠反复摸索、调试。为此，当时尚在哺乳期的我把家临时安到了嘉定，每天下班回去、吃好晚饭、喂好孩子，晚上7点多又来到实验室和细细的光纤苦苦奋战。

在高功率光纤组设备的大力支持下，第一台高功率全光纤掺铒光纤激光器终于研制成功！我信心大涨，看到了突破的希望。

恰逢某公司开始研制2微米掺铒光纤激光器，采购了一批掺铒光纤光栅，还答应借我一对以开展铒光纤边界波长的研究。有了之前的经验积累，很快地，一台边界波长的掺铒光纤激光器样机出来了，我们终于可以转向下一级钬（Ho）脉冲激光的研制了。

幸运的是，基于多年的固体激光技术经验，在实现Ho脉冲技术的过程中，我没有遇到太多瓶颈技术问题。但在隔离器损伤、镜片材质和镀膜损伤阈值上，却有许多难题"卡"住了我们的"脖子"。

时值国外加强对相关元器件的禁运之际，此前我们所采购的隔离器在一定功率下发生了损伤，返修过程中，决定不返还给我们。无奈之下，我们只好联系国内相关厂家和研究机构，合作推动隔离器的国产化。

在高功率Ho激光研究过程中，遇到了镜片温升等问题，只好重返原点，重新梳理可用的基片材质，这样经历了 N 次反复，终于将问题解决。

此外，由于没有隔离器，而2微米波段的偏振镀膜技术尚不成熟，需尽量提高振荡器的输出功率，同时还要有很好的光束质量，这种情况下，原有的镀膜工艺不满足需求，我们只好继续跟镀膜技术人员进行反复沟通，确定指标和工艺，最终各项需求都圆满达成。

做好了泵浦源，我们就赶快着手推进中波非线性频率变换的研究。这时候，叶锡生研究员被引进到上海光机所，进入我们中红外组，成为我们往中波激光技术更快发展的推动剂。2016—2017年，我们开始实现中波激光技术的突破，获得了一定功率的中波激光输出。正当大家欣喜万分，打算大展身手的时候，持续的支持戛然而止。已经努力了这么多年，终于看到曙光了，却失去了继续前行的"火力"，怎么办？为了寻求出路，我们参与了很多项目的申请与竞标，包括预研类和型谱类，均以失败告终。

2018年，中红外小组从事全固态中波激光领域的关键技术攻关研究，已经整整十年多了。正当百愁莫展之时，中红外小组迎来了转机。

第一个契机是在5月，国家提出了一个中波新品项目。经过大家的深思熟虑，觉得这个技术指标我们完全有把握，于是决定去参加竞标。我们仔细梳理了自己的技术路线和优势，叶锡生老师将报告打磨了一遍又一遍。

答辩当天，一到现场，首先是规则出乎我们的意料——如果答辩前两名均高于85分，则进行共同支持，第一名拿60%的经费，第二名拿40%的经费，同意规则就进入答辩现场，不同意直接出局。此时的我们，已经是箭在弦上、不得不发，一咬牙，就签下了字。

才进入答辩会场，又闻"噩耗"：听说这个项目就是竞争对手提的指南，且相关用户是该系统内单位。可是来都来了，谁怕谁呢？我们齐心定力，决定把自己的答辩做好就行。

根据之前的准备，我们向专家组仔细汇报了我们的方案和工作基础，认真回答了专家们提出的各种问题。

最后公布得分的时候，我作为答辩人进入会场，组长在公布成绩前，问我："你觉得你们两家对比如何？"我强压下忐忑不安的心，思索了片刻回答道："我觉得两家单位各有各的优势，双方都在这个领域深耕多年。"

最终，我们以略高竞争单位数分的成绩，与其共同承担这个项目。

有了这次竞标成功的经验，我们后来又参加了院里的联合基金项目答辩，最终也以该组第一名的成绩获得了支持。我们满怀激情，斗志昂扬，下定决心要在技术推进的同时，还要推动中波激光的工程化。

信念·征战之日的磨刀石

2018年8月，我们迎来了另一个重要契机——竞标一个中波激光器定制产品项目！

那天，叶锡生老师告知我们，有一个中波激光器产品项目，只要拿下这个项目，我们将会有足够的经费支持，不仅能促进工程化转型，还能保障后续科研的进一步发展。

但从桌面平台直接跨度到产品，对于中波课题组来说是巨大的挑战，加上该项目周期极短、任务重、技术难度高，需要五个月内实现工程化研制及完成批产任务。经过一番讨论，我们还是决定为了课题组更好的发展奋力一搏。

我们首先在竞标过程中斗智斗勇、过关斩将，成功拿下了该项目。8月26日，我们和甲方单位进行了第一次接触，汇报了我方的实施方案、技术基础和报价。

当天晚上，我和叶锡生老师仍在甲方处，所内的验证工作就已经开始紧锣密鼓地同步推进了。汇报结束后，我们刚回到上海，就接到获得31日正式竞标资格的通知。

虽然时间紧迫，但好在有前期参加竞标的基础，大家齐心协力、分工合作，一部分人准备资料，另一部分人进行技术夯实验证。30日晚上，我和叶锡生老师以及机关的刘浪同志就到甲方处了。

竞标之前，我们完全不清楚竞争对手的情况，只能尽量做好相关准备工作，一遍遍地检查PPT、讨论策略。

31日上午9点，竞标正式开始。一进会场，我们就发现竞争对手实力强大：这家公司已经成立数年，完成了不少中波激光器订单，并且与甲方颇有渊源。

与竞争对手分别进入会场介绍自己的方案后，我们在场内进行了激烈的讨论。其间，甲方数次提出新的要求。这次的竞标从早上9点一直持续到下午3点，中间各方都不曾休息，也没有吃午饭。

在最后一轮征求意见，要求双方进行二次报价的时候，我们借用对方办公室的固定电话机跟陈卫标老师进行了现场汇报和请示后，叶锡生老师果断决定，在保证一定台套数情况下下调相关报价。正是这一关键"拍板"，让我们在竞标中击败对手，成功拿下了该合同。

突破·披荆斩棘的攻坚队

竞标获胜了，心里的大石头终于落地，我们收拾心情，整装待发，深知后面还有更大的挑战。

9月2日，我们回到上海，2天后就召开了项目汇报会。会上，我们明确了组织架构和岗位职责，确定了第一阶段的工作计划，明确接口及环境要求，细化技术流程，整理配套的外协、外购件表格沟通，制定研制计划流程，进行采购等。千头万绪同步推进，我们为了完成合同任务的宏图一步步计划着。

但现实困难重重。看着实验平台上零散的光纤、冗长的光路，我们甚至不知道，该如何将它们集中在规定的产品尺寸内。组内没有专门的机械设计人员，这该如何是好？看来，只能请外协支持了。

我们联系了多家机械厂家，终于有一家可以为我们提供机械设计。在和设计师不断的沟通尝试下，确定现有的实验光路太长，机械机构排布不下。无奈之下，我们开始对激光器进行进一步优化以满足产品需求。

由于时间紧迫，我们只能两班倒以求赶上进度。经过2周的紧急攻关，我们完成了实验验证，组内小伙子却一个个顶起了厚重的黑眼圈。

在机械厂家的大力支持下，机械件得以按时完成。但是机械件回来，有这么多零星小件需要清洁，人手不够怎么办？为了加快进度，组内的学生主动加班帮忙。终于，我们进入了装机阶段。

10月，装机正式开始，激光振荡级顺利完成，但光学参量部分却一直没有激光输出，我们难免心慌：难道是验证时哪些部分没有做到位吗？

为此，我们请了室里相关的"大牛"参与讨论，对输出的光斑、光谱、脉冲、功率等指标进行仔细核对排查，最终将问题定位到某点上。

因为机械结构的限制，晶体的调整角度有限，我们只能把光路从机械件内部引出到平台进一步验证。几个彻头彻尾的不眠之夜后，黑眼圈加重了，但问题终于解决了。

元旦前夕，抓住2018年的尾巴，我们顺利完成了第一台产品的验收。这一年，对于我们组而言意义非凡。

从2018年9月到年底，组里的人基本是"白加黑、五加二"无休连轴转。现在回看当时厚厚一沓打车订单，每晚2点下班，第二天一早赶到单位上班，都不敢想象到底怎么过来的。

其实最开始，我是开车来回的，直到有一天深夜，我在开车回家的路上，差点在中环睡着后，就再也不敢继续开车了。有趣的是，有一次，家门口的保安实在没忍住，问我究竟是做什么工作的？是不是年薪几百万？不然为何如此拼命？

那时候，组里成员们累了，就在走廊上的躺椅上和衣而睡一会，醒来后继续工作；或者一部分人继续工作，另一部分人在旁边的平台下弄个泡沫或纸皮垫着眯一会儿。

最忙碌的时候，我们全员集体通宵，叶锡生老师陪伴着我们一起奋斗。这些共同战斗的日子，筑就了我们团队的凝聚之墙，在形影不离间，我们成了各自的影子。

队员之外，来自各自家人的支持常如煦风拂面，抚慰着我，感动着我，也给我力量。比如，组里刘晶老师的女儿小小年纪，却经常陪着妈妈一起加班，一点都不给"科二代"掉链子。

转眼间，我们完成了第一批产品的顺利交付。不幸的是，第二批器件采购之际，因周知的原因导致器件无法按计划到货。

幸好，我们还有室内的兄弟课题组——某关键器件研制团队，他们表示，愿意与我们一起共渡难关。团结合作的力量在此尽显。

起初，自研的器件效率高但持续发热，不敢持续考机，经过几轮的改进优化，温度降下来了，但激光器性能不达标，效率上不去。经讨论后，我们认为是器件配对匹配度低造成的。

为了验证这个想法，只能把手上的相关器件进行两两配对测试性能，用大数据说话。从几次到上百次，功夫不负有心人，在众多的数据中发现了解决问题的线索。

此后，我们将问题再一次汇总，优化器件研制参数，经过器件研制—实验验证—器件研制多次迭代，我们又一次完成了挑战，将难关"狠狠"甩在了身后。

整个研制过程中，是领导和各方的大力支持，也是课题组成员们披星戴月、奋力拼搏，才能渡过一个个难关，最终圆满完成该中波激光器产品的交付任务，并拿下后续批次订单。

这次任务的完成，加快了我们课题组工程化的转型，为完成后续任务打下了厚实的基础，同时，也极大地增强了我们课题组的凝聚力、向心力和自信心。我们期待着，课题组的明天将会更美好，也期待着，中红外小组终有一日，将成长为国家科技发展的垂天之翅！

感悟感恩

在中波研制的过程中，我对于一代材料、一代器件、一代激光器的感触颇深。激光指标的每一次进步，都离不开镀膜、原材料和元器件的共同突破。从事中波激光技术的10余年，也是中波红外激光镀膜、激光晶体、非线性晶体、光纤光栅、隔离器等共同攻关和提高的10余年，我十分有幸，搭上了技术发展之初的缆车，亲眼见证了并亲身经历了我国中波激光技术突破的整个过程。

在这段旅途中，我对"工欲善其事，必先利其器"有很深刻的感受。我们团队2微米激光技术的大突破，就是以陈卫标老师用硬挤出的一笔钱支援采购的一台40多万元的高分辨率2微米光谱仪为奠基的。这台设备到位后，在研究过程中遇到的种种奇怪现象，我们都能够通过测试光谱发现其理论问题所在，并能很快从实验中找到解决办法，实现功率的提升。而中波激光技术的大突破，也是基于我们拿到了一笔中国科学院的修缮平台经费，添置了中波的光斑、光谱等测试分析系列设备。

在科研探索的征途中，很多时候，我们除了梦想和勇气一无所有。但我们始终坚信，青年人就该高高举起青春岁月的火炬，像常春藤一样，向着心中的梦想不断攀缘，用生命之花铺满科研的漫漫长征路。无论遇到什么困难，我们从不相信长夜将至，因为火把，就在我们手中！

中红外激光组成员

从「恋人」到「家长」的激光缘

——张俊旋

作者简介

张俊旋

　　1988年出生，2016年上海光机所博士毕业，随后留所工作，主要从事全固态激光器技术方面的研究。现任航天工程部高级工程师。参与国家级科研项目2项，分别担任专业设计师及主管设计师。

个人感悟

　　持之以恒，向上攀登，追光逐梦，青春无悔。

2022年，我与上海光机所结缘已11年。

还记得，大学即将毕业的我得知自己有幸被上海光机所录取时，心中的喜悦溢于言表。五年的硕博连读，在上海光机所诸多前辈的带领和指导下，懵懂无知的我踏入了科研的殿堂。

正如居里夫人所说："科学本身就具有伟大的美。一位从事研究工作的科学家，不仅是一个技术人员，并且他是一个小孩，在大自然的景色中，好像迷醉于神话故事一般。"体验了科研的风景后，我便着了迷般地不想离开。毕业后，我便留在光机所，继续从事我热爱的科研工作。

对于一辈子致力于投身科研事业的人，11年不长；对于二十几岁的青春岁月，11年不短。和光机所结缘的11年时光，是青春逐梦，收获成长的11年；是立志科研，砥砺前行的11年。回忆这11年，虽偶有酸涩，更多的是喜悦，这不正是成长的味道吗？

闹脾气的"恋人"

2011年9月，我入学上海光机所，导师是朱小磊研究员，研究方向是单频脉冲固体激光器。还记得初入学时，第一次尝试调激光器时，花了整整一周时间都不见出光。正一筹莫展时，朱老师来到了实验室。简单询问几句后，朱老师拿起红外片，观察了一下光路，在两个腔镜调整架上轻轻旋了几下，激光便出来了。

我当时心想："好厉害啊。"

虽然现在调试激光器已经熟练许多，但是第一次出光的经历还是印象深刻。在后续的求学生涯中，有很多这样的时刻。自己在摸索的过程中遇到了问题，身边的师长总是不吝赐教。

记得有一次激光器装调完成交付使用时，我们把激光器打包好，准备把设备运出超净实验室时，朱老师说："这就像是自己的姑娘要出嫁了。"这个比喻很有意思。激光器从一开始的设计、装调，到中间出现问题，解决问题，最终达标而交付使用的过程，我们付出了很多的心血。交付使用时，还真有点像自己辛苦培养的女儿出嫁，开心又自豪。

当时23岁，还没有自己的小孩。我就照猫画虎，时常把激光器比作恋人。装调激光器时，我常说："要像对待恋人一般对待我的激光器。"我发现，如果把激光器产品当作恋人一样对待，此时出现问题、解决问题就像是双方磨合的过程，会专注而耐心许多。而且在修复问题的时候，就会尽可能地像对待恋人般思虑周全，小心翼翼，生怕因为一些不当操作造成伤害。

求学生涯中，身边的老师们专业技术功力深厚，又愿意不藏私地分享和传授。正因为他们，我才得以顺利完成学位论文的撰写。除了专业知识的学习，我也时时为他们投身科研的热情和坚持所感染。

2016年7月，顺利毕业后的我入职上海光机所，继续从事激光器方面的工作。身边常有亲戚朋友询问："你做什么工作？"我回答："我是做激光器的。"一般男士朋友都会说："哦哦，我知道，激光武器，超级厉害。"而女士更多关注的是："最近激光美容很火哦。"

其实，除了这些，激光的妙用太多了。作为"最快的刀""最准的尺""最亮的光"，激光在各个行业大展身手，如激光切割、激光焊接、激光演示、激光手术、激光扫描、激光测距、激光通信、激光雷达……

我入职后，研制的激光光源就是用来测大气中二氧化碳的浓度。在前辈的带领下，我参与了激光光源的一小部分工作，双脉冲激光器中的振荡器的研制和装调工作。其中一项工作就是用种子注入的方法获得光滑脉冲的输出。

　　激光器装调完成后，交付雷达系统使用。在激光雷达联调时，把激光器安装在发射筒上，测试激光器工作正常。第二天复测，脉冲顶部出现毛刺。重新调试种子注入光路，脉冲测试光滑后，隔一天开机问题又复现了。我们打趣地说："恋人又闹小脾气了，我们来看看是怎么了。是不是我哪里没有做好？"

　　之后，我们和光学组、机械组的老师一起讨论分析，最后定位清楚了问题。原来是激光器样机的三个安装脚不完全在同一个水平面上，与发射筒安装时，应力导致激光器底部变形，进而影响了激光器内部的谐振腔，导致种子注入和腔不匹配，最终导致脉冲顶部的尖峰出现。

　　发现问题后，我们马上做了相应的调整。在安装之前，用不同厚度的塞尺测量安装脚和发射筒安装面的缝隙厚度，再装上相应厚度的铟箔。果真，在后续的试验中，激光器脉冲顶部没有出现毛刺。"恋人"的问题解决后，便不再闹小脾气了，稳定性高了许多。

　　雷达系统集成完后，雷达组的同事们开始发射激光，接收回波信号，反演数据，测量大气环境中的二氧化碳浓度。晚上实验的时候，在雷达屋顶，总能看到一束明亮的绿光直射空中。

　　有时下班较晚，老公来接我的时候，看到发射的激光，他说："好漂亮的绿光。"我会自豪地说："这个雷达的激光光源的调试我也

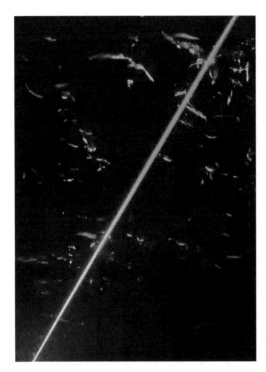

**参与研制的激光器发射的绿色
激光**

有参与。而且，除了你看到的532纳米的绿色激光，还有人眼看不到
的1 572纳米的激光呢。"

测大气二氧化碳浓度的激光雷达在地面上验证完成后，后续又计
划开展机载飞行试验。有一天，项目负责人刘继桥老师把我叫去他的
办公室，和我说："我们要做机载飞行的试验。你来搭一台光纤激光
前端的工程样机吧。"

固体激光器和光纤激光器是两种不同的激光器，而我之前一直是
做的固体激光器，对光纤激光器那是一窍不通啊。刘老师鼓励我说："没
事的，可以学。"我想"能接触学习新东西，很不错"，便欣然答应。

当时，我时常找隔壁高功率光纤组的师长请教，最多的还是找激光工程部的周翠芸师姐。周师姐经验丰富，她参与调试的光纤激光器已成功发射在太空中，助力嫦娥四号的探月工程。

周师姐在教我的时候，细致耐心又全面。她手把手地教我光纤如何切割熔接，在装调工程样机时注意事项，调试光路和测试数据的方法。有这样一位好老师，我很快就上手了。

和固体部分联调时，在光纤盘绕中，熔接处和硬物接触，断了。当时器件留的光纤已经很短了。我不知道怎么办，打电话请教师姐。师姐问："是不是就剩一刀了？我马上过去。"我说："师姐，光纤太短，一刀都不剩了。"师姐过来后，把熔接机两端固定光纤的架子拆掉，用手调好光纤两端的位置，完成熔接，帮我解决了问题。

机载联调结束后，我们就去外场试验了。因为激光器在低温工作时有点问题，所以安排我去协助修复。我带着一堆调整架和镜片出发了。在过安检的时候，人生中唯一一次，我的包被截下来了。安检人员把我带到一个小屋子，让我打开包接受询问。看到包里一堆奇奇怪怪的工具，安检人员严肃地问我："这些是什么东西？"我赶忙拿出我的工作证件，说明了我的工作，和他们解释了出行的目的，解释了调整架和一些工具的作用，这才把我放行。

调试修复后，激光器终于能够正常工作了。后续同事们开展了艰苦的外场试验。想着自己参与调试的激光器可以遨游在空中，为测试二氧化碳浓度的激光雷达提供一点点硬件支持，我感到非常开心。

外场试验期间，我们住的酒店距离海边只有几百米。和同事吃饭的时候，突然有人提议："明天早起看日出吧。"对于内陆城市长大的我，对大海上的日出充满期待。我们约好早早起来去海边看日出，随后沿着古城墙步行回酒店。往日爬山一整天回来都不累的我，竟觉得有些疲惫，呼呼地补了个回笼觉，才感到精力渐渐恢复。当时的我没有多想，但事后才知道，那时候，一个小小生命已在我的肚子里安营扎寨。

难得的胎教

2019年初，我幸福地升级为一位准妈妈。当时搬新实验室，我便在网上买了用于收纳实验室东西的大塑料盒。盒子看着体积大，实际上重量比较轻。从所门口取好箱子后，我抱着箱子前往9号楼。

途经食堂，遇见刚吃饭出来的朱老师。朱老师看到后，立马小跑着往我这边过来，一下便接过了我手中的大箱子，关心地说："这个要当心啊，我来吧。"朱老师搬着一个硕大的箱子，一直走到9号楼，安置好，还不忘叮嘱我："以后要注意安全，遇到搬运的事情找同事帮忙。"

我买了一些实验器材，找刘敏老师入库。刘老师是退休返聘的老师，资历深厚，却总是和蔼可亲，是我敬爱的老师。复印入库单的时候，刘老师接过我手里的资料，说："我来吧，离打印机远些，宝宝不喜欢闻这些。"

像这样在孕期收到的帮助数不胜数。我非常感恩特别时期对我多加照顾的老师和同事们，让我在空间大家庭里感受到了满满的关爱、浓浓的幸福感和归属感。

上海光机所也为孕期的妈妈们提供了好多贴心的福利。比如我平日趴在办公桌上午休，但成为准妈妈后，午休就成了一个难题。身边同事知道我的情况后，热心地推荐了所内的"爱心妈咪小屋"。小屋干净、舒适，不仅配备了独立的卫生间、床、沙发，还有冰箱、饮水机、书架、准妈妈和哺乳期妈妈的爱心礼包等。墙上贴着母婴健康科普海报，还有同事们和宝贝的照片。

在怀孕中晚期的四五个月里，我时常来这儿午休。睡得饱饱的午休后，我有更好的精力去完成好工作。感恩妈咪小屋，伴我度过了一个舒适的孕晚期，兼顾好了工作与生活的平衡。

2019年是上海光机所建所55周年，为营造"迎所庆，建新功"的良好科研氛围，上海光机所举办了"学术、绿色、共享"为主题的所庆系列活动。其中一项活动便是"所庆高峰论坛"，论坛邀请了多位德高望重的院士。

那时，我常带着肚子里的宝宝，一起聆听多位院士的精彩分享。院士们高屋建瓴的独到见地，涓涓细流般的谆谆教导，让我深受启发和鼓舞。报告精彩之处，现场时时掌声阵阵。

肚子里的小家伙仿佛也感受到了大家风范的熏陶，时不时地舞动起他的小手小脚，好像也要为大家的精彩演讲鼓掌一般。能够让小家伙聆听大师风采，这是多么难得而珍贵的胎教啊！

来所里学习工作已经近十年，我时时感念所里的关怀和培养，希望和同事们一道在这个温暖的大家庭里共同成长！

"家长"的责任

测大气二氧化碳浓度的激光雷达项目中，我多是以一个学习者或者协助者的姿态参与。激光器前期的文献调研、方案设计、实验验证过程我的参与度不高，多半是装调集成中学习。这个项目告一段落后，我便接手一个新的项目，负责研制一款高性能的2微米激光光源。慢慢地，我从一个在别人为我遮风挡雨的学习环境中走出，在学习和实践中拥有了自己遮风挡雨的能力。

如果说，以前对待激光器更像是对待"恋人"，在别人付出心血养大后，我负责装调，出现问题磨合解决；那么，三十而立之年，负责2微米光源的研制，让我更觉得自己是"家长"，激光器更像是自己养的"孩子"。

有了对"孩子"的爱，我静下心来，扎实研究，和达人们请教"育儿"经验。虽然养育"孩子"的过程会遇到很多困难，偶尔也会焦虑和感到挫败，但做"家长"的怎么会放弃自己应有的责任和担当呢？

2微米光源研制的过程，正值我怀孕生子带娃期间。正如养育孩子的艰难和幸福，我也体验了一遍科学研究过程中的曲折与成就。

在方案初期确立的时候，有两条路可以走：一条是近二十年国内外学者走过的路，一条是鲜有人走的路。二者各有优劣势。当时，我初生牛犊不怕虎，想着鲜有人走的路，有可能走通呢。

于是我翻阅文献，确定了研究方案，开始了实验验证。在验证新想法的时候，正是小宝贝在肚子里的时候。有时候做实验，我会在心里和小宝贝嘀咕："我们要进实验室啦，今天是做一下什么实验。"有次从实验室出来，看着落日，第一想法是："看，这个光斑好圆啊，光束质量一定不错。"

在调试激光器第一级放大的时候，按照之前调试的经验，每个器件插入都要损耗最小。所以在调试的时候，我用二分之一波片调整入射光的偏振态，经过增益晶体后出射能量最大。结果，选用的发射

2微米波段的增益介质有自吸收效应。做出的结果是损耗一半能量后，加满电流，再增益一倍。总的算下来，净增益是零，也就是说放大器是没有放大效果的。

我调试了各种各样的参数，都没有效果。有一天，开着电流的情况下，我转动了二分之一波片，激动人心的时刻出现了。能量计上的示数在慢慢增加。事后分析，才明白吸收截面大的偏振方向，发射截面也大。虽然开始晶体自吸收的会多，但是随着泵浦电流的增加，因为发射截面大，所以提取的能量也多。

一级放大出现了净增益后，开始了多级放大的搭建。我们用了六级放大，能量输出5毫焦。虽然距离项目目标200毫焦还有好长一段路，但是这个实验方案也有一定的创新，一起工作的学生把结果总结，发表在一份不错的期刊上。暂时性地完成这个工作后，我便回家

实验室测试激光器关键组部件性能

生娃，休产假了。

怀孕生产，看到娃的那一刻，我顿时感到所有孕期的辛苦都是值得的。我一向热爱自由，在以为终于坐完月子可以出门转转的时候，新冠疫情来了。因此，我不得不继续窝在家中。除了带娃，我时常坐在飘窗上，听诗，看小虫子，看屋外的树叶，看雨滴落在窗户上。有时，还在饭桌上打打乒乓球。那会，时光静好，我还学着做蛋糕面包，就像平日里做实验一样，严格按照教程一步步地操作。最后味道还不错，得到了家人的一致好评。

"读史使人明智，读诗使人灵秀，数学使人周密，科学使人深刻，伦理学使人庄重，逻辑修辞使人善辩，凡有所学，皆成性格。"科研经历带给我的严谨细致，可能已浸润在性格里了吧。所以即便是面包中比较难做的可颂，按照教程第一次做，我也可以做得像模像样。

2020年春天，全国人民众志成城，新冠疫情得到了控制。我的产假也休完了。在去单位的路上，我骑着电动车，就像鸟儿出笼一般，心情极其喜悦。复工后，我继续2微米激光器的研制。

一直到2020年的夏天，2微米激光器的进展都不明显，比预期的效率低太多。如果实现最终目标的能量输出，导致所需的级数是原先设计的两倍，那么整个系统将因为过于复杂庞大而不具备实用性。也就是说，实验验证的结果和初期方案设计预期达到的结果差很多。

根据实验现象，反演方案，才发现设计中很多东西未考虑周全，导致这条路暂时难以行得通。实验越验证，越觉得是在无边的黑暗中漫步，看不到曙光。

那会正值哺乳期，我每天中午要赶回家奶娃。上海的夏天不是暴晒就是暴雨。有一天中午，我骑着电动车在回家的路上，大风刮得雨帽根本戴不住，大雨打在眼镜上，路好生模糊。当时实验多轮验证到我已经清楚当前的实验条件无法达到预期目标了，科研这条路，似乎也和这雨路一样模糊。

坦白来说，当时的我又自责又自我怀疑。一方面，觉得自己前期调研不足，知识储备不够，实验经验不足；另一方面，我带着新学生和自己做实验，迟迟不出实验结果也会影响学生的毕业和前程。

即使眼睛看到的路是模糊的，但我心里的方向确实是明晰的。为了儿子的健康成长，即便风雨滂沱，我也要回到家中，为了他能吃上温润母乳；为了项目的顺利交付，即便困难重重，我也要披荆斩棘，砥砺前行。

爱因斯坦说过："一个人在科学探索的道路上走过弯路、犯过错误并不是坏事，更不是什么耻辱，要在实践中勇于承认和改正错误。"

马克思说过："在科学上没有平坦的大道，只有不畏劳苦沿着陡峭山路攀登的人，才有希望达到光辉的顶点。"

陈佳洱说过："科学事物，必须不断研究，认真实验，得寸进尺地深入、扩展，通过韧性的战斗，才有可能获取光辉的成就。"

困难的时候，我时常用这些名人警句鼓励自己。我也牢记老师的教诲："做好一件事情不容易，要认真地坚持。"我想，如果不是路走不通，我也不会一遍一遍地查阅文献，向周围的人请教学习，优化理论仿真和实验模拟，不断地优化实验方案，做多轮的实验验证。2020年秋天，我们调整了实验方案，经过半年的验证，能量达到200毫焦的输出。之前无边黑暗的感觉慢慢褪去，曙光渐渐出现在眼前——正如之前外场试验看到的那场海边日出，让人感到满是亮堂堂的希望。

今天，我的娃娃已经两岁半了。我第一次做妈妈，看着他从抬头翻身，到学习坐立、爬行、跌跌撞撞地学走路、说话。他一天天进步，正如我的2微米激光器。我也是第一次做"家长"，实验一点点验证，参数一步步达标——付出带来成长的愉悦，居然也是相通的。

从懵懂无知，踏入科研殿堂，像对待恋人一样爱我的激光器，体验科研风采；到责任缓落肩头，像养育孩子一般对我的激光器负责，成长的路上，我充满成就感。十年的青春岁月，无悔无憾。

牛顿临终遗言："我好像是一个在海边玩耍的孩子，不时为拾到比通常更光滑的石子或更美丽的贝壳而欢欣鼓舞，而展现在我面前的是完全未探明的真理之海。"对于科研的高峰，我还在山脚下仰望。希望余生的多个十年，我能依旧不忘初心，持之以恒，向上攀登。追光逐梦，青春无悔。星辰大海，砥砺前行。

和宝宝在I love SIOM的草坪上

四时歌

——

张晓曦

作者简介

张晓曦

    1990年出生，2016年毕业于南京理工大学，主要从事高速微小信号探测电路研发工作。现任航天激光工程部工程师。参与高精度温室气体综合探测卫星大气探测激光雷达、天地一体化高轨对低轨高轨间激光终端等项目。

个人感悟

    把力所能及之事做精做透。

上海，是一个一直存在于我脑海里的城市。从小就对上海充满向往的我，在接到来自这里的offer之后便不顾一切地冲了过来。兜兜转转，六年的时间转瞬即逝，如指缝间的熹微，轻轻一抿，就没了踪影。哭过，笑过，崩溃过，也满足过。种种过往，有些还留在脑海里，而有些，已经随着四季的流转，婉转成了只属于当时的四时歌。

"希望之春"不是说给你听的

我所在的部门，是上海光机所规模最大的部门之一——航天激光工程部。按照职能进行划分，我在的组别是设计仿真中心电子学设计组，俗称"玩儿电的"。这里人才济济，强电弱电高速电各有分工，初出茅庐的我是一只跟在老师傅后面学做事的"小虾米"，前辈们的悉心指导使我在工作上一直都很顺利，正当我觉得一直这样当个快乐的小学徒慢慢进行下去也蛮好的时候，一个简单的人事变更让我隐隐约约地感觉到未来可能会有些变化。

和接收小队结下缘分是在一个夏日的午后，我和隔壁结构设计组一个脸熟的同事突然被叫去领导办公室，听着领导电话那头此起彼伏的声音，我的心也跟着一阵阵恍惚。不多时，电话音落下，领导向我们公布了新的工作内容，即分别接手同一台单机不同职能的工作。接收光学单机，光听名字就知道不是单纯的电单机。领导向我们简单地布置了任务，说明了研制背景和任务量，其中具体的事项等后续的交接，所以我和同事很痛快地就应承了下来。

现在回想起来，那时我真傻，真的，我只知道是因为之前接收的电子学同事离岗了，我才顶得她的缺，我不知道结构设计、光学设计甚至光学装配也是。

光是二手的、结构是二手的、电也是二手的，真真是一个名副其实的"二手"团队。第一次组内会议，刚刚转到工程部门负责光学设计的竹孝鹏老师，负责光学装配的邓宇欣师兄，以及我和隔壁搞结构的周国威同学，大家你看看我，我看看你，谁也不知道该说些什么。最后还是竹老师率先开口，虽然我们人是"二手"的，但是单机可不是，只希望我们稳扎稳打，迈稳每一步，能够把项目顺顺利利做下去。大家纷纷同意，便各自领了任务回到了自己的岗位上。

虽说已近初秋，但是对于我来说，接手新的项目就等于一个新的开始，总要有一个新气象，我在心里把它称为希望之春，唯愿自己能更有成长，早点成为一个能独当一面的设计师，这也是我一直以来的愿望。

但我不知道的是，从一开始，这便是一个注定步步是"坑"的研发生涯。

在航天工程部门，一个系统完整的研制流程要从总体方案设计开始，实现基本功能的工程样机是第二步，接下来是在样机的基础上实现全功能，我们把这个阶段称之为电性件阶段。在这之后是鉴定件阶段，用于验证产品能够在严苛的宇宙环境下正常工作，当所有的环境试验都圆满完成了之后，才是正样阶段。此时的产品在实现全功能测试的基础上，还需要完成环境考核。最后，才能装到卫星上搭载火箭升空，实现它的价值。

而从电性件装机工作尾声才介入到项目中的我，显然已经错过了从头开始的机会。没办法，我只能厚着脸皮去找老师们要各种各样的资料。不看不知道，一看吓一跳，我的希望之春绿了没两日就到了尽头。

接收单机并不如我想象中那般简单，仅仅是探测器的波长就有三种，数量更是多达九个，不同波长的探测电路对应着不同的工作原理。除此之外，我还要考虑光路装调对电子学的影响。虽然单机内光路的装调不是我具体负责，但装调的结果却和我息息相关。我忐忑不安地偷偷跟其他组员打探了一番后发现，我不是唯一有这样感受的人。

"真是太好了！"我在心里暗暗地想："贫道就算死了，也有几个道友一起。"光学知识的欠缺让我很难理解指标的划分，在最开始的日子里我的脑海中每天都充满了十万个为什么。跟我交接的同事使用的是我以前没用过的画图软件，彼此的命名方式习惯也大相径庭，压力山大的我只好重新一点一点整理接手的图纸，开始设计工作。

理清楚接口脉络是我计划的第一步。突然想起，在接下接收任务之前的那两个月，我参与整理了另外一个单机接口的整理工作，仿佛冥冥之中都是恰到好处的安排。我照着之前老师教过的样子，重新整理接收单机上所有的电子学输入与输出，单机的脉络就出现了。进而再从功能和单元两个方面去划分，就有了清晰的信息流，对我来说，这无疑是个好的开端。

紧接着，我与结构和光学的小伙伴们一起，梳理出大家相互之间的接口。不仅结束了以往混乱的耦合关系，也进一步了解了单机在整个系统当中的作用。装配工作也提上了日程，一切都朝着积极的方向向前推进着。

慢慢地，电性件的研制逐渐接近尾声。虽然并没有实现我理解的全性能，但是囿于种种的现实条件还算是比较圆满地结束了。伴随着鉴定件阶段的开始，领导和组员们一致决定要在鉴定件上实现以往未尽的事项，我深以为然。经过半年多的努力和合作，大家都已经不再是刚开始的"二手贩子"，彼此之间也不再生疏陌生，取而代之的是轻松舒适的合作氛围。在我的带领下，我们开始没大没小地称呼竹老师为竹师兄，新加入的杨巨鑫同学与邓宇欣合体成了"欣鑫兄弟"，光学装调工作压力顿减，负责结构设计的周国威同学也因为他的"神棍"属性变成了小周爷，而我也在不断地汲取着新的知识，和大家一样对自己的工作越发熟练，应付起转阶段的工作也渐渐游刃有余起来。

但事情不总是那么顺利，指标的优化就意味着电路板的更改，连带着结构、光学的接口都要进行更改。同时，之前我们在电性件阶段遇到的装调和技术问题，在鉴定件上必须拿出完美的解决方案。然而，此时整体的资源空间却不能够再进行变化了。面对有限的资源空间，不仅得考虑放得下，还得考虑散热好，更要能保证工艺上的可维护性。这可难坏了我们整整一组人。一张张草图画过去，一个个模型建过来，总算是在最后期限之前找了一个还算合适的方案。但这仅仅是开始，研制才是困难百出的阶段。

我想，希望之春，大约只是说给自己听的吧。

苦夏苦的是时间

上海的夏天像掀开旧社会嬢嬢们裹脚布的过程，你以为它翻开这一层就结束了，但总有下一层，让你一眼望不到尽头。

接收单机的研制过程也是这样，你以为马上就结束了，实际上还差得很远。重新优化指标后，单板的参数设定、结构的制作、光路的装调都有了新的要求。在这其中还夹杂了许多文档、记录的整理和编写工作，时间越发紧迫起来。

已经不记得放弃了多少周末休息的机会。白天实验室的环境噪声并不友好，要等晚上才有好的结果。为了追求毫伏级别的噪声特性，我们经常把调试挪到晚上进行。时间长了甚至做梦都梦到电烙铁火烧实验室。不仅仅是我，为了追求1丝（1毫米的百分之一）的精度，小周爷和大欣欣子可以昼夜不休地打磨镜座，小鑫鑫子也在探测器的测试过程中费尽心思，只为了创造更稳定的测试环境。

夜间实验场景（2019年5月21日，张晓曦摄）

而这仅仅只是痛苦的开始，第一次写单元电装工艺，第一次画单元电装走线，都发生在2019年的夏天。所有的窘迫在审查工艺文件的徐飞老师面前无处遁形，当然窘迫不只我一个，还有组里其他所有的小伙伴。整整9份，这是我们第一次写这么多有关工艺的文件。现在看来不仅漏洞百出而且措辞不当，甚至有些工艺流程都是错误的，但当时就是有莫名的骄傲。让人不禁感叹，不逼自己一把，真不知道自己的潜力有多大。

而正当我感觉自己厉害得不行的时候，一盆冷水及时地浇灭了我要上天的小火苗。那是个倒霉的下午，我和质量师温温对刚刚装配好的探测单元进行接线复核，椅子的后轮仿佛和地板干架了一样向前窜了出去，带着毫无防备的我摔向了地面，落地的瞬间我甚至还举着测试用的万用表表笔。

"产品没被我带下来摔着吧？"我问温温。

"没有，还好表棒没有接触到。"温温强忍着笑把我从地上拖起来，而实验室里其他的同事早已笑成了一团。唉，能为乏味的工作增加一些笑料，也算我为项目作贡献了吧。

随着探测单元一个一个的装配完成，接收单机的整机工作也紧锣密鼓地开展起来。每一个指标都对应着成百上千次的测试，每一次测试都对应了多达几个吉字节（GB）的数据要处理。在竹师兄和小鑫鑫子处理数据的同时，我们也尽量车轮似的向前滚，意外的状况还是不期而至。就在我们好不容易把整机带工装安装进罐试验时才发现，我们的产品，不能完整的连皮带线地进去罐子。

原来并不是所有的肚子都好撑船。

循环热试验进罐（2019年9月26日，张晓曦摄）

试验罐欺我。

还不止一次。

如果说循环热试验是我们错误地估计了中罐的肚量，进去了本体进不了线缆，那么真空罐就是纯粹的天不时与地不利了。

由于高压法兰转接困难，我们不得已只能把和接收单机相连的电控箱一起塞进罐子里去，于是散热问题成了老大难。在仔细研究过两台单机的发热量和发热面，结合实际的罐体条件后，小周爷总算拿出了一个合适的改装方案并且得到了老师们的认可。等到工装加工完毕，小周爷在试验罐中来了个托马斯180度旋转完成了所有接插件装联后，我们总算开始了单机的真空试验。

而这一切只是另一个意外的开端。

真空试验最怕的低气压放电问题，在我们的产品上，出现了。

晴天霹雳！

发现事故的那天早上，所有小伙伴都仿佛霜打的茄子一样，蔫了吧唧的。我们亲爱的竹师兄更是如惊鸟般惶惶。在排查了一系列可能的原因后我们终于找到了问题：因为交付节点的临近，我们缩短了上电前的抽真空时间以期给后续试验留出充足的定标时间。再加上罐子里两台单机给真空度的保证带来了额外的不确定性。如此种种，导致上电时产品内部的真空度并没有达到要求，以至最终引发了惨剧，着实让我们栽了个大跟头。

不幸中的万幸，在测试了探测器的所有功能后发现，由低气压放电引起的故障仅仅涉及各个探测器的一条电回路。由于设计时考虑了产品的可维护性，实际的返修工作进行得还算顺利。处理完了问题回路，接收单机继续正常地开展了真空试验。这一次大家吸取了教训，留足了抽真空的时间，总算是在试验节点前完成了预定的试验。经此一事，所有组员都暗下决心，再也不会让类似的事故发生，也算是挫折中有了成长。

正当以为完成了试验，十一假期小组成员可以休息两天的时候，我们又接到了项目整体时间节点更改的通知：单机的交付时间提前了。为了配合互联单机的进度安排，组员们在短暂的调整后还是打起精神开启了新一轮的奋战。测试、定标、互联……泡面咖啡成了夜宵必备，加班到凌晨三四点更是平常。甚至在交付的前一天，领导们都来帮着我们一起进行单机背面最后的点胶工作。就这样，总算到了鉴定件运到北区交付的那天，我把它称为"女儿出嫁"。一载奋斗，总算有了成果，然而我知道，下一个阶段，正在招手。

秋是收获，也是磨砺新生

如果说命途多舛是鉴定件的研发过程，那么好事多磨就是正样件的特性了。

经过了一年半的洗礼，组员们也渐渐地习惯了接收单机不同于纯电子学单机的工作模式。在鉴定件的系统调试中我们发现：现有的探测系统并不能完全帮助我们实现我们的终极目标——正确与准确地进行数据反演。

还没有博士毕业的亚丹同学率先开始了问题的分析定位。通过对探测器件和探测电路不断地建立模型和仿真演算，终于发现了问题所在。一直以来我们都忽视了系统串联起来后的损耗特性。在她的指点下，我们在电路上大胆地进行了参数更动，并且进行了大量的对比测试，终于找到了每一个波长都合适的设计参数，并进行了最终确定实验，和理论的计算结果吻合得也比较好。但我们也因此付出了巨大的代价：时间。

正样件的研制和其他阶段不同，它是带着点神圣感和突破性的。为了实现全球第一台星载多波长激光雷达的顺利升空，为了给建党一百周年献上最诚挚的礼物，我总是会忍不住去想很多：如果时间来不及怎么办，如果数据不达标怎么办，如果试验出意外怎么办，……节点摆在那里，我开始陷入焦虑。每周的调度会是我最担心的时刻，既怕领导们问起单机的进度，又怕领导们不问单机的进度。当年我是怀揣着宏图抱负加入接收小组，而现在却又陷入了停滞不前的进度，这种状态让人抓狂。

流程交接、文案传递，甚至机构改革后的部门对接都或多或少成了影响我心情的导火索。三天一大吵，两天一小吵，直到有一天，我无意中发现了同事间的对话。

"她来找东西，不知道怎么地又发了一通火。"

"唉，她就这个样子，尽量别理就是了。"

我才发现，原来我的不良情绪已经影响到了很多人，而与我朝夕相处的同事们则一直在包容着我。也正是这样一个温暖的集体，一直在支持着我，从不把最大的压力直接压到我的头上。我意识到，不能再这样下去了。而一时的醒悟并不能解决问题，常常时有反复。我开始慢慢地转变心态，向身边的同事沟通释放压力的方法，让自己尽快从紧绷的压力中走出来。

随着研制状态的一点点更新，正样件终于到了集成的环节。有了以往的经验，我和小周爷总算是拿出了一份能让项目负责人徐飞老师看得过眼的工艺文件。在不断完善的部门制度的指引下，各式各样的生产配套文件也慢慢地有了雏形。

为了给总装集成时的系统联调提供有效的参考数据，我们必须在组件还处于单元阶段时就完成所有指标的详细测试。为此小鑫鑫子和亚丹翻遍了几个实验室总算搭出了两套可以同时进行测试的光路，继而开启了长达一个多月的机器不休人轮休的组件测试。忙碌的工作甚至让她们早早地进入了过劳肥模式，日渐突起的小肚腩，让人看了又好笑又心疼。

虽然辛苦，但是我们都知道，这值得。

但是一切又岂能那么顺利，老话怎么说来着。对，乐极生悲。正当我们觉得一切都在有条不紊地向前推进的时候，质量师温温在群里的一条"螺钉把加热器顶起来了"的通报让我的记忆一下子回到了鉴定件的某个夜晚，这是一个之前也发生过的安装问题。不安的情绪又一次包围了我，我找到小周爷询问具体情况。

"小周爷，我怎么觉得螺钉把加热器顶起来这事儿似曾相识呢。"

"嗯，不过之前是另一个位置。"

"那要重新换吗？"

"如果顶破了就只能重新换了。"

看来前事不忘是不可能的，后事之师也会偶有失准。不仅如此，在不同的组件，不同的装配过程中，大家也或多或少地都出现了一些不该发生的失误。事情仿佛就要朝着一个诡异的方向滑去了。关键时刻竹师兄赶紧召集大家开了会，及时地刹住了这股不知从何而来的诡异风头，总算是有惊无险地一步步走完了剩下的集成步骤。

就这样，我们的正样件在大家的翘首以盼中走到了环境试验考核阶段。

冬藏不仅为了产品，更是为了我们

进入冬季，项目节点的压迫感越发明显。百日倒计时的牌子悄然出现，在人来人往的茶水间旁边静静地伫立着，无声地提醒着所有人，不断减小的数字更是吹响了最后冲刺的号角。

我们不断地往试验罐旁边搬着家当，大到模拟器、地检和设备，小到镊子、扳手和线缆，林林总总，不一而足，几乎将整个实验室搬了过去。而这还不够，为了模拟真实的工作环境，这一次我们还在鉴定件试验的基础上又额外增加了另外两台单机进行功能互联。我跟竹师兄调侃，加上这两台，相当于大半个系统都在咱们这个试验里面了。

竹师兄扭头一笑说："对啊！"顿了一下，又道，"你想不想把整个系统都挪过来一起做实验啊。"

师兄我错了，我不想。

关于竹师兄，可真是一个妙人儿。犹记得有一年我舅舅来所里接我被师兄撞了个正着，细问之后才发现师兄竟然和舅舅是同一年出生。这一下可不得了，师兄板起严肃的面孔煞有介事地跟我说："那你不能叫我师兄，你得叫我竹老师才对。"

我只乐，内心却想："是是是是，我是应该称呼您竹老师，但我就没大没小，我就不这么喊。"不过师兄倒也由着我们，从来没有介意过。除此之外，小周爷、大欣欣子和小鑫鑫子，加上亚丹师妹、正正和小谢两位师弟，也是我日常"欺负"的对象。现在回想起来，有过争吵有过欢笑，有过恼火也有过和解，倒是一起走过了许多难忘的时光。

环境试验按部就班地顺利完成。做完了最后的流程测试后我们把产品移交北区集成实验室进行后续的总装集成。手边的日历提示着新年已至，由于疫情大家都默契地没有回外地老家。没了交付节点的压力，无数个累积在手边要补充的数据包也并不让人十分难受了。我一边做着数据整理一边催促着大家赶紧完成文档，总是会回想起那个2018年的夏日午后，闷热潮湿，却是一段岁月的开始，没有它，也就没有现在的我们。

　　彼时有一份强烈的证明自己的心，而现在，已经不再需要去追逐什么。搞航天的人总有那么一点"功利心"，想到自己做的东西就在穹顶之上周游寰宇便十足开心。就像四季轮转，岁月如歌，我，以及我认识的人们，都在谱着属于自己的四时歌。

接收小组集体照（2020年12月29日，温泉露摄）

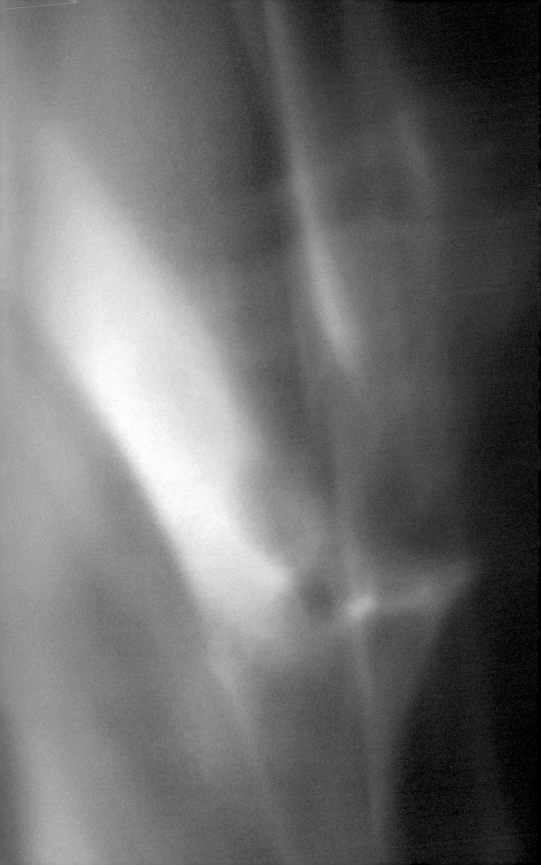

出生在上海，成长在上光

——

周佳琦

作者简介

周佳琦

　　1987年出生，2016年博士毕业于瑞尔森大学（加拿大），主要从事超快光纤激光技术与光学频率梳等方向的研究。现任高功率光纤激光技术实验室副研究员、党支部书记。主持国家自然科学基金（面上、青年）、院重点实验室创新基金、上海市自然科学基金等项目。

个人感悟

　　选择科研作为职业是出自对真理的一份近乎偏执的热爱。真理的范畴当然包括自然科学与社会科学。中国共产党领导下的科技事业发展，兼具社会科学真理性与自然科学真理性。能够以此为事业奋斗终生是一件幸福与光荣的事情。

写下这篇文章时，上海正处于6月，雨常常下个不停，却并不会冲散空气中的闷热，阳光和雨水在蓝天白云下交织在一起，像极了这个季节赋予少年们的心情。转眼，又到了一年一度的高考季。

把日历翻到17年前，2005年的这个时候，一个趴在书桌上苦思冥想如何填高考志愿的18岁少年，估计怎么也想不到，今天的他，会成为激光领域的一位科研工作者。

如果说人生是一场连点成线的游戏，每一个脚印便是一个节点。回望一路走来的每一步，看似偶然，却又充满着必然。借用沈从文的一句话"凡事都有偶然的凑巧，结果却又如宿命的必然"。

绕着绕着，最终与激光结缘

我高中时有些偏科——文科较弱，理科较强。那时的上海高考除了考常规的语数英之外，只需要选一门其他学科，每门150分，总分600分。高二选科的时候，由于我们班是理科重点班，班里大多数同学都选了物理，于是我也跟了风。

其实，我当时的物理成绩并不是很好。高一力学学得一塌糊涂，我现在还记得当时老师让我站起来背单摆周期公式的时候，自己一脸茫然的样子。直到高二接触了电学和光学以后，特别是一些与激光相关的基础知识，才开始慢慢认识到物理这门学科的绝妙之处，物理成绩也开始稳步提升。后来的高考中，我语文成绩遭遇滑铁卢，只考了90分，却硬是靠着物理的148分力挽狂澜，考进了复旦大学通信工程专业。

颇有戏剧性的是，倘若当年的高考，我再多考一分，就会被复旦大学法律专业录取。也正是这少考的"一分"，让我的未来拥有了"万分"的惊喜与精彩，当然，也少不了努力与付出。

我本科、硕士、博士学的内容关联性较弱。本科学了很多通信相关的基础知识，包括无线通信、信号处理、网络协议、光纤通信等；硕士师从复旦大学的石艺尉教授，做了一些基于特种光纤的气体传感方向的研究；之后，我又去加拿大攻读博士，师从顾锡嘉教授，研究方向是超快光纤激光器。一个个看似差得较远的研究方向，"光纤"成为将我求学阶段经历串起来的核心。

当今社会，光纤这种低损耗柔性波导已经太广、太深地改变了我们的社会。回想学生时期，"光纤"这个范畴就像是一头巨象，我就像是一个盲人，触摸了与其相关的部分应用，并没有窥其全貌。与激光结缘，与上海光机所结缘，我感觉自己还是很幸运的。现在在日常的科研工作中，我常常还能体会到与当初那个高中男孩对于物理与激光相同的挚爱与热情。

在复旦读书的时候，我很喜欢去旁听王德峰教授的哲学讲座，他有一段话给我印象深刻："大家相不相信'命中注定'四个字？如果你过了四十岁对'命运'这两字还没有深刻体会的话，那只能说明你悟性太差。"我是一名坚定的唯物主义者，但有了一些人生阅历以后，也慢慢体会到那段话里的人生哲学。

来到上海光机所，加入空间激光大家庭

我是怎么来到上海光机所工作的呢？这还要从我与冯衍老师的一段故事说起。

2016年夏天，我博士毕业以后经由当时的导师推荐，作为光学工程师进入加拿大多伦多的一家科技公司工作。虽然国外的生活比较安逸，收入水平也可以，但是由于文化上的差异，作为中国人的我始终难以在外乡找到归属感。加上一些家庭原因，便有了回国发展的念想。

碰巧或者说幸运的是，当时上海光机所的冯衍老师趁暑假期间来我们实验室访学，我便有了与他深入交流的机会。其实，早在好几年前，我所在的加拿大实验室就与冯衍老师开展了许多合作。博士求学期间，我还趁着回国的机会去上海光机所拜访过冯老师。

冯老师给人的第一印象便是浓厚的学者气息——衣着干净朴素，斯斯文文，非常有礼貌，同人打交道的时候甚至有点害羞。和他在学

在多伦多留学的青葱岁月（与妻子在尼亚加拉大瀑布前）

术领域深入交流以后，我更加钦佩他的睿智。

一天中午，我请他去一家汉堡店吃午饭，透露了想要回国发展的想法。冯老师当即向我抛出了橄榄枝，说是可以去他的组工作，我非常开心。2017年初，我终于如愿回到了中国，来到了上海光机所。

我最初是以博士后的身份加入冯衍老师组的，主要研究方向是小型化光学频率梳。因为我博士期间做了一些超快光纤激光器方向的工作，积累了一些经验，取得了一些成果。冯老师就觉得我可以在此基础上，进一步往更精密的方向做一做。同时，那段时间所里的领导也想在小型化频率梳方向进行技术布局。所以，不论是从技术层面还是从未来发展层面考虑，这个方向对于我来说都是一个不错的选择。

博士后出站以后，我选择留在所里继续工作，一方面是因为适应了所里的工作环境，更重要的是喜欢所里的，特别是空间激光实验室的工作氛围。我们空间激光实验室有个微信群"空间大家庭"，我觉得这个名字取得非常合适。不论是自上而下，还是自下而上的人际关系相处过程中，这个集体都体现出了家庭般的温暖，是一个非常适合青年科研工作者成长的环境。

首先来讲讲我的领导们。冯衍老师当然是我的直系领导，我们小团队的leader。冯老师除了我上面提到的性格温柔、斯文朴素之外，还有两大深深触动我的点。其一就是他非常聪明，而且有很好的科研习惯，只要空下来就喜欢大量查阅文献。所以，他能做到对我们研究的领域非常了解，而且非常善于凝练科学问题，时不时就会有一些激光技术领域的奇思妙想提出来。这些想法往往构思巧妙，而且大部分都能通过实验验证。所以冯老师的学生们向来不愁科研业绩不够，私底下都很佩服他，给他取了一个雅号——"光机所点子王"。

然而，我最服冯老师的一点并不是因为他业务水平好，而是因为他待人真诚，非常仁义。何谓仁？孟子说："恻隐之心，仁之端也。"因为恻隐，所以爱他人大于爱自己；因为恻隐，所以在他人有危机的时候愿意伸出援手，甚至愿意牺牲自己的某些利益。哈佛大学花了将近80年进行了一个社会学实验，研究什么能让人这一辈子过得更幸福。研究结果出人意料，答案并不是什么社会地位、财富、外貌等因素，而是拥有信任感的人际关系。当你的人生遇到困难的时候，能够去依赖，知道自己背后有他站着，这个人能在危急的时候成为你坚实的后盾。这种信任感的人际关系是难能可贵的。冯老师就是这种能够带给团队中其他成员极大信任感的领导，所以大部分从他组里毕业

和冯老师（右）在讨论工作进展

的学生，都会选择留在他的团队里继续工作。我在这个团队里工作了四年，期间也受到了冯老师的很多照顾，非常珍惜这份彼此之间的信任感。

叶锡生老师是我们的实验室老主任和老党支部书记。他严谨、踏实的工作态度，对我影响很大。记得有一次，我们支部开党员大会之前，我偶然经过会议室的门口，看见叶老师在很认真地布置会场。因为会议室椅子数量较少，参会的支部党员数量较多，所以需要额外加十几张座椅。叶老师就在那一张一张、一排一排摆放着椅子，而且横排竖排都对得工工整整。那一瞬间，我被叶老师这种亲力亲为的工作作风、严谨细致的工作态度给感染到了。2020年底，我接替叶老师成为高功率光纤激光技术实验室的党支部书记。叶老师在交接工作的过程中对我说了很多语重心长的话，让我认识到实验室的支部书记责任重大，要做好支部书记同时兼顾自己的科研工作是不容易的。我也在心里暗下决心，要好好努力，担起责任，不辜负叶老师的言传身教。

陈卫标老师是我们上海光机所空间激光研究方向的奠基人，空间激光大实验室的"带头大哥"。他还有一重身份是我们所的所长。不过非正式场合我更倾向称呼他为陈老师，而不是陈所。主要是因为我来所工作的几年，得到了陈老师很多师长般的指导和帮助，令我受益良多。我记得刚来所里不久的时候，陈老师把我叫到他办公室谈话，他问我适不适应所里的环境，有什么困难他可以帮忙解决。还和我分享了他年轻的时候作为博士后来上海光机所工作的一些经历，并鼓励我要好好干好事业、干出成绩。因为我来所里是以博士后身份，并没有国家或院级别人才头衔，所以一开始的时候担心项目经费不够，无法顺利开展工作。后来证明这些担忧完全是多余的。也让我明白了上海光机所是一个愿意给青年科研人才机会，展现自己能力的舞台。

我从"空间大家庭"父辈们那得到了很多帮助，他们的行动也让我学会了要去关怀帮助自己的后辈。我选择科研界而不是产业界作为自己事业奋斗平台的一个重要原因就是在科研界能接触到很多年轻人。他们思维活跃、充满想象力，大多数孩子都单纯善良，没有沾染上世故圆滑的社会气息。所以和他们相处可以非常坦然。再加上我与他们的年龄其实也没差多大，能有很多共同话题。所以，我更喜欢他们亲切地喊我一声师兄，而不是老师。

当然，年轻的硕士、博士生们也有自己的烦恼，比如学业有困难担心毕不了业、实验连连受挫怀疑自己的能力、毕业以后迷茫应该选择什么发展方向、感情生活出现问题难以走出阴影等。作为实验室支部书记与心理联络员，我也愿意时常与他们谈心谈话，努力帮他们解决问题，消除矛盾，尽力营造一个融洽的实验室氛围。

我一直很喜欢爱因斯坦的一句话："一个人的价值应该看他贡献了什么，而不应该看他取得了什么。"财富和社会地位的积累真的能让我们的生活更加幸福吗？我觉得幸福工作状态的衡量标准应该是，在一个充满互相信任与关怀的团队里，为人民、为国家、为社会作出自己的一份贡献。空间激光大家庭为我提供了这样的一个工作环境，我也很喜欢现在的工作状态，并希望能在科研领域一直努力工作下去，为团队争光。

光学频率梳的研发之路

上面已经提到了，我研究的主要方向是小型化光学频率梳。简单来说，光学频率梳就是一把尺子，一种计量工具。只不过这把尺子不是我们日常生活中传统意义上用来度量距离的小钢尺，而是一把基于激光技术的、精确度量时间与频率的"光尺"。

时间和频率是最重要的基本物理量，人类社会科学技术的每次阶跃式革新，都与时间频率基准精度的提升有关。从古代的日晷、水钟到近代的单摆钟及石英振荡器，再到微波原子钟。现在商用原子钟的秒精度可达 10^{-12}，进而推动了全球定位系统、超精细光谱学、精密制导等应用的出现，改变了人类社会。我们人类有没有可能进一步提升秒的精度呢？普通的原子钟一般利用原子的两个超精细能级之间跃迁的微波频率来定标计数。由于光波频率比微波频率高出好几个数量级，如果能用光波频率代替微波频率，那计数的精度自然能进一步提升。对光频的精确计量就需要用到光学频率梳技术。好了，就此打住，再多说一些我估计非专业性的读者就没有人愿意看下去了。总之，光学频率梳技术能够提升我们人类对时间、频率的计量精度，未来在前沿科学、天文、通信、传感等领域具有非常广阔的应用前景。

现在的商用频率梳主要靠国外进口，具有价格高昂、体积较大、产品参数无法定制、返修期长等问题。同时，很多星载应用包括激光雷达、时频传递、定位导航对频率梳的稳定度、集成度、可靠性与输出功率提出了更高的要求。为了解决这些问题，2017年5月开始，我走上了我们上海光机所的频率梳自研之路。

频率梳本身是一个比较复杂的系统，由好多个子单元构成。而研发之初我就像一个"光杆司令"，很多难题只能靠自己去克服。我们频率梳方案的核心是环境稳定的锁模光纤激光器。我在加拿大读博期间对这个研究方向积累了很多经验，自认为有不错的基础。但是实际工作的时候也遇到了不少意想不到的问题。

开始的时候我拟订了一个工作计划，从方案设计、理论仿真、器件定制、实验搭建四个阶段开展工作。前三个阶段都比较顺利，但是最后依据设计方案实验搭建的激光器却怎么都无法实现锁模。当时感觉就像是被浇了一盆冷水，有点泄气。但是，怎么能遇到这么点小困难就踌躇不前呢？于是赶快进行问题排查。我做了一个问题清单，把能想到的潜在原因——列出，从理论仿真到实验流程逐次排查。可是就这样过了两周，还是没有找出问题所在。

那段时间，很多人说我"魔怔"了，整天在思考这个问题，甚至吃饭睡觉都在想。直到有一天晚上睡觉前，我突然有了灵感，会不会是某个关键器件出了问题。越想越睡不着，我在大半夜直接穿上衣服跑到实验室，想赶快验证一下自己的想法。

当我把器件的输入输出端倒过来接入到激光器里的时候，马上观察到了锁模的特征，我一下子兴奋地从椅子上跳了起来。我觉得做科研最开心、幸福，最有成就感、获得感的时候莫过于当你通过努力，解决了长久萦绕在心头的问题，那一瞬间的愉悦真是人生中最美妙的体验之一。

后来通过与器件供应商沟通，才发现原来我发给供应商的关于这个特殊订制器件的设计稿里有一个会产生歧义的地方。这个细节上的疏忽让我吃了不少苦头，也令我吸取了教训、积累了经验，深刻体会到了细节决定成败的道理。

我们研发的频率梳除了锁模激光器，还包括了其他一些子单元，在每个单元的研发过程中，都会有许多问题。有的问题可以预见，有的问题意想不到。但我慢慢明白，只要怀着迎难而上的勇气，谨慎细致的工作态度，问题总是能被解决的。

经过反复技术、工程迭代，两年后我们完成了第一套频率梳原理样机。该频率梳装备的各子单元都采用全光纤设计方案，具有低噪声、高稳定、可搬运等优点。现在该样机已在所内的兄弟实验室连续工作了两年多时间，工作状态稳定，性能参数优良。根据用户反馈，我们自研的频率梳在性能上可比拟国外售价几百万元的商用产品。后来，我们又陆续搭建两套频率梳，提供给东华大学和国科大杭州高等研究院的老师使用，也获得了他们很高的评价。

近几年参加国内的学术会议，与其他同龄的科研圈内朋友聊天，发现大家都有很明显的焦虑感，觉得现在科研圈内卷严重，青年科研工作者每天压力都很大，收入还不高，工作了几年都丧失了当初刚毕业那会锐意进取的朝气，慢慢变得有点迷茫。

在这种现象与问题越来越普遍的时候，我想我们青年科研工作者更应调整好心态，做好自我定位与认识。并不是只有成为优青和杰青才是成功，没有必要急着去寻求社会的认可。如果你真正热爱做科研，当你通过自己的努力解决了一个困难的科学、工程问题的时候，当你的科研成果在这个社会的某个角落发光发热的时候，我们难道就没有科研成就感与获得感了吗？集腋成裘，聚沙成塔。生逢伟大时代，我们广大的青年科研工作者更应该有奉献精神、拼搏精神，为早日实现我们国家的高水平科技自立自强奉献自己的力量。

党支部书记历练记

2020年10月，我们光纤激光实验室党支部的支委会完成了换届选举，我被支部党员同志们推选为新一任的党支部书记。我一方面觉得非常光荣，另一方面也倍感压力重大。

做了将近两年的支部书记，有两次活动给我印象深刻。一次是为了结合党史学习教育内容建设，开展的支部书记上党课活动。要上好一节党课对于没有经验的我来说是非常困难的。我在前期花了大量的时间来选题和备课。最终确定以"回望建党初心，牢记党员使命"为题，带领支部党员同志们回望中共一大的历史背景与意义，进而粗略而客观地介绍与会的13名代表在一大之后人生中的不同选择与个人命运的关系。以史为鉴，学史明理，让党员同志们深刻体会"不忘初心"这四个字的真正重量，从而在日后的科研工作与个人生活中做到牢记党员使命，提升科技报国的信心与决心。

在党课宣讲的过程中，谈及一大代表王尽美同志赤胆忠心，为革命事业献出宝贵生命的事迹的时候，我不禁有点哽咽。这一个个鲜活、生动的革命者的故事深深打动了我，也打动了支部的每一位党员同志。我突然明白了这种党课的教育意义是双向的：党员同志们通过党课学习，增强了党性观念，统一了思想，凝聚了精气神，能够精神抖擞地投入到日常的科研工作中去；对于我而言也是另一层面的教育，我更加深刻地领会到了政治学习和教育、意识形态引领、党性锻炼对于普通党员、对于支部建设的重要意义。进一步认识到党务工作的重要性以后，我的工作热情也越燃越旺。

还有一次印象深刻的活动是所里组织我们青年党务工作者去遵义学习培训。这次系统的党史学习培训，更加坚定了我科研报国的信念。在这个百年难遇的历史时期，面对他国对我们国家的打压政策与科技封锁，我们必须实现高水平科技自立自强。这就需要我们科研工作者怀揣使命感、责任感与紧迫感。大力弘扬红军长征精神，做到独立自主、敢闯新路，直面问题、迎难而上，民主团结、形成合力。紧密团结在党的周围，精神抖擞地全力奔赴科技创新主战场。

在结班仪式上，我作为第二学习小组的组长进行了结班发言，交流了培训心得。报告的最后，我有感而发，模仿了毛主席的《清平乐·六盘山》，凝练了一首《清平乐·记上光遵义培训》，获得了大家的一致好评。我也倍感自豪。

清平乐·记上光遵义培训

上光英才，

齐聚湘江岸。

学得长征红军魂，

更持初心不变。

科研报国在心，

激光长缨在手。

纵有他国窥伺，

焉能缚我苍龙！

作为支部书记带领支部党员同志们重温入党誓词

我出生在上海，上海这个城市孕育了我，从弄堂里的幼儿园到复旦大学的硕士研究生，所以我对故乡上海的感情很深。

我成长在上海光机所，从青涩的博士后到激光领域的一位成熟的科研工作者，所里给我提供了很好的平台与展示自己的机会，所以我对上光所这个大家庭的感情更深。

如果以30岁到60岁作为一个人主要事业奋斗期，那对于我而言真正的工作才刚刚开始。我也希望能在我们上海光机所好好奋斗满30年，等我退休的时候，等我们国家实现全面建成富强民主的社会主义现代化国家的时候，回过头来看这篇文章，还能自豪地说：我对得起故乡上海的养育，对得起上海光机所的栽培，对得起"不忘初心、科研报国"这八个字。

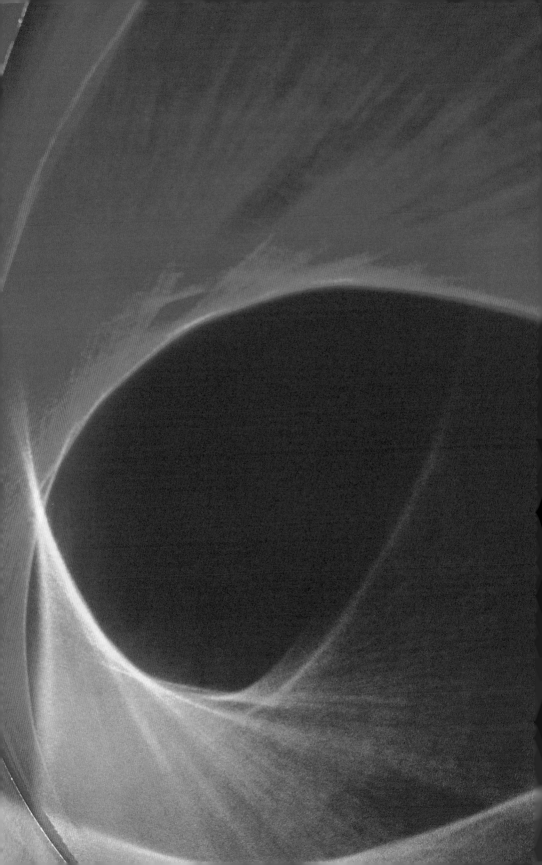

与激光通信的不解之缘

—— 朱福南

作者简介

朱福南

　　1991年出生，2016年从哈尔滨工业大学物理电子学专业毕业。2016年7月至今，在上海光机所航天工程部工作，从事嵌入式软件开发及测试工作，主要参与导航、天地一体化等激光通信项目。

个人感悟

　　走自己的路，让别人去说吧！

从量子星地激光通信，到北斗星间相干通信试验，激光通信技术在不断成熟，我们激光通信人也在不断成长。白驹过隙，恍然间，我从事激光通信工程任务研制已将近6个年头，其间经历虽不至于轰轰烈烈，但仍有诸多深刻的片段值得纪念……

作为航天工程部的一员，我亲眼见证了近年所里承担的航天工程型号任务不断增多——比如在激光通信领域，从最初的墨子号量子科学实验卫星，发展至导航M11/M12星以及导航M21/M22星等；从开始的点对点激光通信试验，一步步朝着激光通信组网的目标前进。短短几年间，国内激光通信技术大跨步成长，我的个人能力也在不断提升，丰富了我的工作经验，提高了我的思想觉悟。

从2016年7月入职上海光机所，从初生牛犊，到如今多了一份稳重从容，一路上经历了不少挫折、困难，流过汗也流过泪，却从没有什么挡得住我们的激光通信梦。

"针尖对麦芒"

刚入职几天，我便主动申请参与量子星地激光通信外场试验。那时的我刚刚硕士毕业，像一只"小老虎"，对于任何项目相关的测试设备、产品都保持着高涨的热情。

激光通信试验被业内人士称为"针尖对麦芒"，虽然负责老师提醒过我，"需要做好长期（半月以上）出差的准备，也需要做好适应恶劣外场试验环境的心理建设"，但对于那时的我来说，没有什么会让我退缩。

量子星地激光通信外场试验的地点主要是在新疆天文台南山观

HiddenHidden

测站（简称"站点"），以及与其直线相距2千米左右的滑雪场（简称"靶点"）。从上海前往新疆乌鲁木齐，要坐5个多小时的飞机。一行几人，带着满满当当的随行设备和行李，大包小包，颇有壮士出行的浩荡之意，作为唯一一位女生，我也算是独特的存在了。刚认识的几位同行男同事一致对我的选择表示了难以理解，毕竟外场试验并非轻松事，几千米高的山上，很可能出现水土不服，越是这样，我越有干劲。

沿着崎岖不平的山路，我们在当天傍晚6点左右辗转抵达南山观测站，由于与上海有着两小时的时差，天还几近明亮。环看四周，整个环境充满原生态的美，空气清新得让人忍不住多吸几口，空旷的草地上偶尔有住户赶着牛羊回家，"风吹草低见牛羊"，展现出一幅"日落而息"的闲适画面。超大口径的雷达接收装置安放在天文台的入口处，营造出"庄严"的科研氛围，呈现别样的和谐。

隔天早起，我们几人需要把"靶点"的设备带上滑雪场，并展开测试环境的搭建。我主动承担了携带行李的任务。由于来的时机不巧，我们没能租到吊车，面对又陡又长的坡地，大家只能共同撸起袖子，费九牛二虎之力，一步步推着大设备上坡，几乎每一步都伴随着沉重的呼吸声。终于，临时搭建的"靶点"测试平台跃然于眼前，一个占地仅仅几平方米的小白屋，朝着"站点"方向开一个小窗户，进行双向激光通信。

在外场试验的最初地面标定时期，我和另一位男同事刘磊（大家一般称呼其为磊哥），多数时候会在"靶点"小白屋里，配合对面的"站点"进行标定及双向通信试验。略小的屋里几乎摆满了产品以及测试设备，我们只能"蜗"着干活，整个人往往要整夜蜷缩着。

为了保证地面产品以最佳的状态与星上产品实现"针尖对麦芒"的激光通信，地面的对标工作繁复而略微枯燥。而为避免通信信道大气或人为活动干扰，标定工作大多需要在夜间进行，深夜里反复操作，只为红光与绿光"精准会面"。寒冬时期，小白屋里还要给暖气片留个空间，空间就更显拥挤。在工作的多数时候，我们只好站着，手隔着多个设备去操作电脑。

冬夜的一天，由于山上供电电压不足，暖气片无法开启，我们两个人硬着头皮穿着军大衣，却依然无法抵御高原刺骨的寒冷，寒风像一把把尖刀扎进骨头深处。不仅人扛不住，手机也遭了殃，一旦受冻便启动"自我防护"——关机，导致我们与"站点"的通信甚是不便，有时刚说到关键信息，手机就黑屏了，然后错过了对标的最佳时机，只好从头再来。

这样的日子持续了一个多月，地面标定试验即将完成，正好回去还能赶上过元旦。正开心之际，磊哥手机来电，手机那一头略带焦急的声音传了过来："你媳妇在回家路上，突然羊水破了，我们正赶往医院呢，你看看你能不能赶回家来。"磊哥假装冷静地答道："新疆这边阶段性工作快收尾了，没什么事后我就申请赶回去。"

我赶忙催他："这边工作也差不多了，你要不赶紧看看今天还有机票不？能早回去一点是一点。""也不差这一时半会儿了，不是打算明天一起回的吗，按照原计划，先把今天的工作收尾好"，磊哥说。那一刻，磊哥在我心中的形象特别高大，能坚守外场一线试验工作到最后，那份责任心值得我钦佩。第二天，我们收拾完，便早早地返程。在去机场的路上，磊哥时不时地便打个电话，开个视频，及时掌握媳妇那边的状况。从视频中可看到，磊哥媳妇正费劲地忍受着分娩前的阵痛，看得人心疼，磊哥则温柔而不厌其烦地通过视频进行安抚，给他媳妇加油打气。

在路上，磊哥跟我絮絮叨叨，说他挺惭愧的，感叹陪伴媳妇的时间太少了。两人异地，一年相聚的时间很短暂，本来他媳妇下个月就是预产期了，就等着这边能早点顺利结束，回去陪媳妇呢，念叨次数多了，担心的事还是发生了。机场分别，我真心地祝愿磊哥媳妇母子平安。回到上海时，发现磊哥已在昨晚夜里发了朋友圈，宣告了当爸爸的喜讯，一股暖流瞬间涌上心头。

后来我了解到，磊哥所乘飞机还未降落，他媳妇已经顺利生下了健康可爱的宝宝。当磊哥到达产房时，一切的担忧转换为无比的喜悦，是母女平安的欣慰、是初为人父的欣喜，而他媳妇报以会心一笑，并未有过多的怨言。那一刻我想，磊哥是全天下最幸福的男人吧。我也认为这不会是个例，这应是千千万万航天工作者的选择，从而大大激励了我。

待到星地激光通信试验那段时期，我的工作转到了"站点"。"站点"的头一个生活困难即是通信不便，常常需要到处找手机信号；另一个则是天气，常常变幻莫测，昼夜温差很大，眨眼起雾，瞬间下雨，让人猝不及防，时不时有人感冒，其中也包括我自己。

星地对接的前期，我们一行几人常常披星戴月，穿着厚重的军大衣，在深夜的雪地里步履蹒跚，试验归来时，抬头便是漫天的星光，银河好似触手可及，痛并快乐着。那时候我们每做完一次星地对接，就得及时处理数据向"家里"汇报，好几天都处理到接近天明，却从来没有人抱怨。

山路上上下下，每天都要跑几个来回。还时不时出现点意外。有一次，1米口径地面望远镜保护盖执行机构因为天太冷受冻无法自动控制，我们先找来了天文台专人帮忙，无奈受冻厉害，最后只能通过人手动操作来开关，折腾了好一番功夫，才不至于影响试验工作。

记得那是一个月明星稀的夜晚，好天气预示着好的征兆。那一天晚上，我们"针尖对麦芒"星地激光通信试验取得了关键性的成功。我们激动地跑到外边空地上，抬头望天，浩瀚的苍穹缀着一轮明月和数不清的碎星，天上的绿光和地面的红光就像久违的恋人，稳稳地相连，缠绵在一起。一个为"针尖"，一个为"麦芒"，二者的交汇对接

"站点"大口径地面接收雷达装置（2016年12月25日，朱福南摄）

外场试验"蜗居地"——"靶点"（2016年8月11日，朱福南摄）

外场试验队（2017年1月12日）

"针尖对麦芒"星地试验

就像子弹在几千千米之外仍能准确地正中靶心。卫星过境几分钟内，我们第一次收获了宝贵的星地通信数据。看着优良的通信误码率曲线，我内心无比喜悦，切身感受到在这之前的所有努力都没白费，所有辛苦都值得。

整个外场试验周期断断续续从炎夏持续到寒冬，我深刻体会到了大山上的冷热，同时见证了星地通信试验成功的光荣时刻。通过此次外场试验，我对激光通信有了总体上的认识，同时也锻炼了我坚强的意志。

"爱情种子"萌芽

在工作的前两个年头，承担和学习项目任务占据了我大部分的时间，交友圈子也相对较小，导致我一直保持着雷打不动的单身。时不时地，我也饱受父母有意无意的催婚，还偶尔打算给我介绍对象。每次回家，就是一顿旁敲侧击，一场变着法儿的逼婚。有一次，我爸还给我半开玩笑，激励我说："要是找到男朋友，就给奖励。"

初时我还能以工作作为借口推脱，到后来年岁越长，加上以前的同学不断传出喜讯，多方刺激之下，让我开始认真考虑在工作之余，谈个恋爱的必要性。

也许真的是缘分到了，或者是月老听到了我内心真诚的召唤，让我在部门里找到了一份志同道合的爱情。这份不经意间萌芽的爱情，一方面是科研工作过程中的副产品，另一方面也得益于磊哥无意间的助攻。

2018年，导航项目工作正如火如荼地开展中，而我这边急需进行大量的测试工作，我自己一个人又忙不过来。经过沟通，便派了一名学生来协助，这名学生就亲切地称呼他为"大师"吧，源于著名的一款杀毒软件"鲁大师"。刚接触大师的时候，他俨然一副乖学生的模样，一般我有什么测试要求，都能一应满足，而且还挺虚心求教，向我请教有关FPGA编程的知识。就这样一来二往，我们在科研工作中彼此渐渐熟悉，两人互相学习，共同进步。磊哥和大师相识于我之前，于是在之后的相当一段时间内，我们偶尔会叫上三五好友，在空闲时分出门骑行，或去观看赛车比赛，我们的生活也有了一定的交叉。

日子不咸不淡地过着，直到我从导航卫星发射场回来之后，事情有了不一样的转变。那时候我偷偷报名参加了嘉定区举办的某相亲活动，这个消息我也就告诉了磊哥一次。而在活动前一晚，我手机的微信聊天界面突兀地弹出消息："你有男朋友吗？"居然是大师发的，那瞬间我脑袋都是发蒙的，震惊之余或许也有惊喜，我最终未回消息。

没想到的是，在第二天的活动现场，我见到了预料之外的人——大师也参加活动了，我马上就想到大概率是磊哥告的密。大师挂着傻笑对着我直截了当："我稀罕你，做我女朋友吧。"我很尴尬地表示拒绝，毕竟我未做好心理准备。之后，在大师十分真诚的努力下，一切水到渠成，我们顺利地在一起了，我很开心拥有了自己的 Mr Right。还记得有一次，我艰难地排查代码问题至深夜，大师知道后，直接对我说："我陪着你吧，也许能帮上忙。"他的贴心使我工作起来更有信心。

说实话，一开始我是挺抗拒的，毕竟两人在同一个单位，抬头不见低头见，时间一长不就一点神秘感都没了。但好处也是显而易见的，就算吵架，也做不到一直不理睬对方，利于和解。几经磨合，我们也差点经历分手，可是现在的我们依然挺好。虽然没有轰轰烈烈的甜蜜，但也有细水长流的陪伴，一起成长，互相鼓励，遇见更好的自己。工作和生活是同等重要的，美好的生活给予我更大的勇气，去实现工作上的个人价值。我们当代四有青年人，也能保证科研工作和生活两不误。

小沟里不慎翻船

人生从来不是一帆风顺的，在你洋洋得意的时候，总会给你当头一棒，让你体验下"痛苦"的一面。

人非圣贤，孰能无过。2020年初，在某通信单板上，因我的一时大意，导致该单板需翻板更换多个器件，影响了项目进度。由于我自己充分的自信，接错了其中一根线缆，导致−5伏供电以+5伏输出至单板，产品上−5伏供电的器件受损而返修，造成人为事故。之所以深刻难忘，一则是那时正好撞上质量月的开端，质量问题的把关尤其严苛，我成了典型的反面案例；二则是所犯的错误实在没有技术难度，让我找不到合适的理由轻易原谅自己。

航天产品质量可以说是航天工程的生命咽喉，需要我们航天工作者牢牢掐住，在日常工作中严格把关，密切注意。想起2017年"胖五"失败，这不单单是中国航天史上的至暗时刻，更深深地警醒着我们每个航天工作者。2020年开年，我们所便特意组织起"质量月"活动，每个月举行一次，针对当月发生的质量问题进行归纳总结，并反思获得改进措施。就那么巧合，我晕乎乎地就撞在了枪口上。

回想起当时犯错的场景，一分钟之内就造成了单板的损伤。虽然更换的器件并非十分昂贵，但对于进度的影响却是不可逆转的。那天，我急于进行桌面测试，确认单板性能是否满足要求。在单板上电的前一刻，我本来打算找个实验室里电子学老师确认一下线缆连接是否正确，可是回头看到大家都在忙着，我又认为自己上过那么多次电，不至于有什么问题。于是乎，低级错误就这么犯下了。事后，我内心一度无法接受，满是懊悔——假如当时我不怕麻烦，找人确认一下；假如我不急于测试，等硬件工程师有空那天一起上电测试，那这起人为事故都可以避免。

事实已然如此，我只能努力弥补错误。于是我们紧急召开了线上讨论会，进行影响域分析，所幸只需要更换几个滤波钽电容和一个开关芯。最后我写了检讨书，还接受了当面批评。第一次受到这样的惩罚，对一向骄傲的我来说其实不能轻松接受。幸好，我还有大师在身边，开解我，安慰我："就是犯了点错误，知错就改就好，下次记得更小心一些就好。你要相信你自己的能力，有什么想不通的多跟我说说，不要钻牛角尖，我随时做你的出气筒。"身边同事看出我的不开心，也会给我举例子，某某原理图设计错误过啊，某某试验条件整错过啊，某某接插件焊反过啊。多亏有那么多暖心的同事在身边，使我不至于陷入自责的深渊。

人总是需要吃一堑，长一智的。此次经历让我深刻地认识到在工程研制任务中，质量意识至关重要，对待航天产品应当如对待亲生孩子那样倍加呵护。虽然自认经验丰富的我在这小沟里翻了个船，但这同样不也是给我的一个"红包"奖励么，敲醒了我，考验了我的抗压承受能力。

现在的我，在兼顾好本职工作的同时，致力于通过在职学历教育进一步提高自身的科研能力，圆我入职上海光机所的一个博士梦，也助力我在未来更上一层楼。从初出茅庐时参与"针尖对麦芒"的通信试验，与大师因志同道合而在一起，自己犯错后的心理蜕变，与激光通信的缘分越结越深。

夜空中最亮的星

—— 朱芸洁

作者简介

朱芸洁

　　1986年出生，2009年上海理工大学光信息科学与技术专业毕业，主要从事航天激光工程光电器件可靠性筛选与质保。现任航天激光工程部工程师。参与大气探测激光雷达、高分七号激光测高仪激光器、资源三号03星测高仪激光器等项目。

个人感悟

　　荣幸身为上光人，追"光"逐"星"甘若饴。

人生的前30年，从没想过，我的人生轨迹，居然可以跟"航天"二字扯上千丝万缕的联系。2015年的就业转折，开启了我作为航天人的新生。人生有时候就是这么有趣，看似无意之间的选择，总是能够带你去向你的心之所向。身为航天人的热血奋斗，勇往直前，青春无悔，这下算是扎扎实实地体会到了！

初来乍到闹乌龙

2015年，我入职中国科学院上海光学精密机械研究所的航天激光工程部可靠性中心，成为一名可靠性工程师。

在加入光机所的大家庭之前，我在中电二十三所光纤传感器部门就职过四年。听上去这两家单位是不是非常相似？实际上，它们既有一些相似的地方，也有完全不一样的地方。

相似之处是，这两家单位都从事与光相关的行业，但前者是光纤光学，运用于传感器方向；后者则是激光，应用方向也更加宽广。比如医学、通信、测绘等，都离不开激光技术。同时，激光技术也是上光所的王牌技术。

再来看看二者的不同之处。从产学研的大方向来说，中电二十三所的课题性质更偏向于研究。它往往就某个专业领域的前沿发展做相应的研究工作，需要反复试验，最终达成的是学术上的研究成果。

进入光机所之后，激光器的各个项目更像是一个个工程，基于已有的技术成果，更多地应用于实践。光机所里的工程任务从实际工程需求出发，由"研"到"产"，最终要有实际的产成品作为交付物，有着时间紧、任务重的两大特点。总体上来说，整个工作节奏要更快一些。

由于激光器的特殊性，这里的每个人都必须进行全套的超净服装穿戴，走过风淋通道，并通过专门的装置释放人体静电后才能进入实验室。不过，也正是这样严格的管理制度与要求保证了工程项目任务的高可靠性。

由于每个人都是从头到脚全副武装，只露出两只眼睛，一开始的我很难区分同事们的身份，经常在实验室认错人，也闹出不少笑话。比如四处寻找一个近在身边的师姐、错把师兄认成师姐等，类似的乌龙事件也是闹出了不少。

从那之后，我经常参与到同事们的午餐聊天以及下班后的各类活动中。终于，在一个月之后，我基本通过同事们的走路形态就能辨认出对方的身份，也逐渐掌握了同事们的可爱花名：看上去很稚嫩的"鑫哥"、明明很年轻的"老王"、一点也没领导架子的"老孟"、一点也不胖的"徐胖"，……多亏了这么多可爱的同事们，我才能很快就适应了这里的工作环境。

良好的科研氛围、光辉的研究所历史，无疑都让小白一枚的我深感自豪。是的，我喜欢这里！我要留在这里！最终，我用自己的实际行动与努力，顺利通过了试用期，转为正式员工。

亦师亦友好同事

虽然初到超净试验室的我，经常将同事们"张冠李戴"，但他们依然可亲可爱、亦师亦友，对我慷慨地伸出援手。

特别是从一开始就带我的辛国锋老师，真是一位令人敬佩的前辈。起初，我只是觉得他作为大前辈非常平易近人。比如经常亲自到实验室指导我，带我一起进行试验方案的探索与尝试。后来，我又在和他的相处中发现了更多的闪光点。

辛老师是一位毫不吝啬自己学识与经验的前辈。他没有一点领导架子，完全就像是上学时期的指导老师那样关心着我们的工作与生活。

记得有一次，辛老师、刘颖、我，还有一位新来的95后同事张昊一同去所外参加某培训。当时午餐是自助餐，我和刘颖因为饭量小，吃完盘子里的就不再起身添食物了。

没想到，坐在对面的辛老师此时突然说："哎呀，你们女孩子吃得太少了，我可还没吃饱呢，走，张昊，陪我一起去再添点吃的。"

我跟刘颖面面相觑，奇怪，辛老师平时饭量也不大，还一直说要少吃点更健康，怎么突然……正在我们俩纳闷的时候，辛老师已经回到了座位上。结果，我们发现他的盘子里其实没多什么食物，只是增加了几块水果而已，感觉十分不解。

这时，辛老师解释道："虽然我饭量也不大，不过张昊还年轻，小伙子正是能吃的时候呢！我担心他看你们都不再吃了，不好意思再去拿吃的，所以我提出让他陪我一起去再添点。"

我们恍然大悟！辛老师的关心竟然如此妥帖，也让我更加敬佩他了！

果不其然，张昊同志不负辛老师众望，带回了满满一盘的食物，最后也没有浪费一丁点。可能真是吃得多力气大，自从张昊来到我们组之后，女生们完全解放了体力活！真是特别感谢他，勤劳又吃苦耐劳的山东汉子！

此外，辛老师还有个有趣的地方，在他眼里，什么都是宝贝，起眼不起眼的东西都能找出新的应用方法。他可以学以致用、举一反三，灵活运用各类设备材料，感觉在他的巧思巧手之下总是能变废为宝，十分有趣。

最初激光器阵列的测试台就是辛老师用实验室各类工具及材料一手搭建起来的。

那是我第一次看到这个测试平台，犹记得台虎钳固定着夹具透露出一丝粗犷，老旧的CCD镜头外壳已经斑驳，可以说测试近场调节焦距全靠辛老师灵巧的手眼协调。真是不得不服，辛老师这样一位人高马大的汉子，居然这么心灵手巧！

很快，辛老师就将这套测试平台的操作方法传授给了我。也是那一刻，我正式开始接手激光器阵列的测试工作。

虽然我是女性，按理来说应该更加细心和灵巧些，但是没想到跟这套测试平台真是磨合了好久。尤其是近场测试的时候，焦距调节真是令人焦灼。没有调节架也没有调节定位器，全靠手感，自然这测试效率也是时高时低了。

"我们要想想为什么是这样。"辛老师时常把这句话挂在嘴边。同时，他也会经常提示我去思考更好的方法。当我对测试平台提出一些建议，或者尝试做一些改善时，他都会给予我极大的鼓励与支持。一开始战战兢兢的我，在他不断地鼓励下，逐渐变得敢于去做各种尝试和验证试验。

我不断学习和尝试，激光器阵列测试台也跟我一起成长起来。在辛老师的帮助下，我设计并开始使用新型的双制冷测试夹具，保证了温度控制的精度与稳定度。同时通过多次调研，采购了适合的CCD镜头及支撑架。通过迁移测试台到光学平台上，以螺孔固定调整架的方式，将测试器件及CCD镜头准确调节到同一水平位置，简化了焦距调节的步骤，近场测试的效率也得到了极大提高。

渐入佳境提效率

在筛选组工作的第一个年头，我发现我们组的管理流程上还有许多不完善的地方甚至是漏洞。例如器件筛选测试的委托基本靠着与设计师的口头约定，周期、时间等信息都是各个人自己负责记忆，当有多个项目比较紧急的时候，就容易造成测试进度安排的矛盾冲突。

可以说，交给我们的筛选任务，各个设计师都说紧急，经常难以协调，而后果就是我们小组拼命地加班加点去筛选和测试。

如果设计师们及时来领用装机了，我们也算是劳有所得。最郁闷的就是：在每天不着家地给项目组完成筛选工作后，项目组却迟迟不来领用，反而耽误其他项目的进度，不紧急的任务也逐渐变成紧急任务……

细节决定成败！我们必须马上进行管理流程的梳理与改善。于是我连续花了三个晚上梳理了我们目前手头的筛选测试工作，边学边用甘特图对各个项目进度进行标注，使得整个组内的筛选任务进度要求一目了然。再通过辛国锋老师在每周一的例会上将细分任务指派到人，我们的筛选工作在第一周就取得了不错的成效，特别是在环境试验这部分，通过甘特图结合筛选细则，将具有相同环境试验条件的器件归并在一起进行环境试验，大大缩短了部分器件的筛选周期。

同时，我们还新增了筛选流程表，通过对表格的登记实行器件全过程的进度及质量监控，也能够让器件的筛选工作不局限于某一位同事。也就是说，通过流程表，任何一位组员都能够快速了解器件筛选的进度、目前的测试状态及结果，从而快速接手后续的筛选工作，极大地提高了筛选效率，也减少了很多交接测试器件时产生的多余的反复核查数据进度等工作。

在完成了以上的改善工作后，在辛老师的指点下，我们还开通了我们组的专属内网流程，方便大家随时查询质保器件的筛选数据及报告，极大地方便了各个项目组。

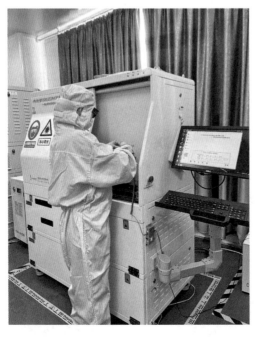

元器件筛选测试中（超净实验室内）

柳暗花明风波平

2017年，正是我入职第三年。前两年的工作主要是进行激光器模块的测试及筛选。我主要负责叠阵激光器的测试及筛选，摸索测试方法到搭建测试试验台，顺利完成了多厂家的激光器叠阵评估试验，并协助项目组确认了最终适合采购使用的型号器件。

此后的工作主要就集中在对项目组采购回的三种不同型号的叠阵进行常规的筛选测试。一年多的时间内，完成了将近200只激光器模块的筛选测试工作。基本上同一厂家同一类别，在型号上略有差异，但测试方法几乎是一样的。大量的重复性测试工作，让我一度有些倦怠，似乎这么多的器件，测下来也没有什么问题，后面还有必要继续做100%筛选吗？

令大家意想不到的是，这时候，原本顺利的筛选工作突然出现了一些异常情况。在近场测试，也就是使用CCD摄像头进行发光面观察的过程中，第二批到货的激光器叠阵的近场测试图中显示，发光点数远远小于第一批器件的发光点数，与以往大相径庭，这是怎么回事呢？

由于不确定是否为暗点的增加，我又继续按照10%的比例抽测了各包装盒中的叠阵。测试结果表明：该批次器件单行仅34个发光点，而第一批次器件单行却是64个发光点。数量差异之大，让我意识到器件的某些方面可能发生了变化。

我立刻把这个情况上报给可靠性中心主任辛国锋老师以及项目设计师孟俊清老师。两位老师在得知这一情况后，迅速来到实验室，同我一起进行现场复测，在确认主要指标波长及功率依然符合要求后，我们又紧急找来了器件代理公司的负责人，针对这个发光点数量的变化问题进行了反馈。

我马上把近期这批器件的测试图像及原始数据进行了汇总整理，并把报告提交给了孟俊清老师，后期在他与代理公司及厂商讨论后，终于得到了最终结论，原来是第二批次器件所使用的芯片不同。由于原来的芯片停产，此后该公司的叠阵都采用新的芯片。

虽然双方沟通后确认了器件的使用不会受到影响，但是由于我们的筛选大纲及细则都是根据原来的发光点数进行的合格判据，换成新的芯片后，近场测试的合格判据就必须马上进行更新。

于是，我又立刻找出原来版本的筛选大纲及细则，结合第一、第二批次器件发光点数的数量，最终修改出一份通用的发光点数合格判据。经过辛国锋老师的确认后，立即与项目组进行文件签署，然后再继续开展后一批次的器件筛选。

至此，芯片更换风波告一段落。后续的筛选也及时做出了调整，最终顺利完成了高分项目的鉴定件使用激光器叠阵筛选测试并交付。如今，该项目的激光器正在天上顺利地运行着，我心里也有着说不出的自豪感。因为正在使用的每一个叠阵模块都是经过我的筛选，确认合格后才予以放行的。

经此一事，我突然意识了这个筛选测试岗位的重要性，正是我的工作确保了项目组能够使用具有高可靠性的合格器件，才能完成最终的工程任务。

这时候，我终于理解了辛国锋老师常说的一段话，"我们所做的

元器件真空试验测试平台搭建中

筛选测试绝不是可有可无的，我们是项目组工作顺利开展的大前提，我们一定要做到专业、严谨、可靠，让项目组放心把器件交给我们进行质保，让我们可靠性中心成为高可靠性高等级器件的代名词。"

蓬勃发展新机遇

经过这几年的发展，随着工程任务的不断增加，我所在的可靠性中心也逐渐壮大。从最初的4人小组到如今的14人大队伍，我们增加了许多的新生力量。

根据不同的项目，不同的器件类型，都会分配不同的筛选负责人。我们积极应对着各种新的挑战，主动寻求新的机遇。我们既是各自筛选器件的负责人，也是彼此的二岗监督，因为我们的工作绝不能一人说了算，始终要求具有质疑的精神，并且严格遵循筛选细则，只用数据说话。

同时，我们的实验室技术装备环境也在不断更新。在原来的试验平台基础上，我们不断寻求提高筛选效率的方法，也在所里的大力支持下，更新换代各种硬件装备，购置了许多专业的测试仪器及设备，不仅提高了工作效率，也减少了人为因素的影响。

在高等级光电器件的筛选领域，上光所可靠性中心很早就开始起步，截至目前已经走在了前列。与电子器件不同，高等级光电器件尚没有一家权威的测试机构，而我们目前所积累的，不论是技术能力，还是专业水平，在业内都有着不错的评价。

可以说，能够来到可靠性中心，我是非常幸运的。辛国锋老师不仅不遗余力地指导我们，还会为我们争取各种学习培训的机会。此外，他也会严格要求我们对每日工作进行复盘，对每周工作进行总结。我始终记得他说："没有筛选测试后的数据整理，你无法了解器件性能的特点；没有定期工作的复盘总结，你无法提升自身的技术专业能力。"

在他的督促指导下，我们既完成了筛选测试的本职工作，同时也在不断学习各类标准，通过不断内化来完善我们的可靠性中心关于高等级光电器件的标准化文件，乃至面向全所、全国的高等级光电器件的可靠性筛选标准。

"我们要抓住发展的机遇，好好利用我们早期积累下来的技术能力，尽快完善高等级光电器件的筛选测试标准，做到人无我有，人有我优。只有这样，我们才对得起这么多年来的试验摸索，才对得起我们夜以继日的工作。"犹记得辛国锋老师时常在开会时这样对我们说。

　　未来，每一位上光人还会接续奋斗、顽强拼搏，用汗水与热血去铸就一台台高可靠激光器，为祖国点亮一颗又一颗夜空中最亮的"星"！

编后记

2021年2月，正值新年假期，突然收到一条来自邵建达书记的信息："我们花大力气在老科学家故事中凝练了'上光精神'，我们还要用青年人的故事去讲述她。要编一本书，一本讲述我们自己职工故事的书，尤其是青年职工。而且，必须结集出版。"

2022年8月，一本封面简约、内里丰润的《"尚光"系列故事·光巡星海》样稿，摆在了眼前。

十月怀胎苦，二十个月的孕育更是值得回味。

回味其一，关于文字。当青年科研人员们直面"写书"任务时，他们的表情呈现各种为难：频频摇头，还是让我写项目申请吧，文学作品我真写不出来；腼腆一笑，还是写我们团队吧，我自己真没啥可写；抓耳挠腮，我写得很科普啦，读者怎么可能看不懂……编者站在读者和科学家之间，反复沟通，反复修改，反复打磨。其间，幸得《中国科学报》上海站黄辛老师的关注，多次来所详细讲授写作技巧，直到科研青年们大悟：我大概知道咋写了，而且今晚就回去指导娃写作文。现在回想，这样的跨界触碰，充满艰辛，更充满乐趣。在反复凝练中，一种精神，悄然而升。

回味其二，关于书名。在整本书稿编写的过程中，书名是最后才定稿的。二十个月里，有人说奋斗故事充满热情，要有"气贯长虹"的魄力；也有人认为科研故事的特点是学科背景，要有"与光同行"的内涵……最后，"光巡星海"在各种争论中脱颖而出：一群科研青年，手擎激光探索空天海洋的奥秘，心中满是星辰大海的科学浪漫。书名最终落定，回头想来，这种"争论"又何尝不是给编者的福利。在体会和凝思中，一种感动，悄然而升。

　　科研工作苦，文字工作苦，但一群又一群奋斗者，却从未停止脚步。因为他们知道，苦中有乐趣，苦后才见星辰大海。

　　谨以此书，献给所有奋斗着的追光人。